U0180266

趣味魔方

一学就会的魔方秘笈

孙虹烨 著

电子工业出版社

Publishing House of Electronics Industry

北京·BEIJING

内 容 简 介

本书由《最强大脑》节目第二季和第三季人气选手、专业魔方教练孙虹烨倾力打造。永别了，复杂的魔方公式和口诀！若看完这本书还学不会魔方复原，就没人能帮你了！

本书共三章：首先，讲述魔方的诞生、变化数及玩魔方的诸多好处；然后，详细叙述三阶魔方的入门玩法，即通过一个简单的手法进行魔方复原；最后，介绍三阶魔方的高级玩法，读者可在学会魔方复原的同时轻松提速。

本书适合所有想学习魔方复原的人阅读。

图书在版编目（CIP）数据

趣味魔方：一学就会的魔方秘笈 / 孙虹烨著 . —北京：电子工业出版社，2021.3
ISBN 978-7-121-40729-1

Ⅰ.①趣… Ⅱ.①孙… Ⅲ.①幻方—普及读物 Ⅳ.① O157-49

中国版本图书馆 CIP 数据核字（2021）第 042422 号

责任编辑：张　楠
印　　刷：天津千鹤文化传播有限公司
装　　订：天津千鹤文化传播有限公司
出版发行：电子工业出版社
　　　　　北京市海淀区万寿路 173 信箱　　邮编：100036
开　　本：720×1000　1/16　印张：5　字数：101 千字
版　　次：2021 年 3 月第 1 版
印　　次：2021 年 3 月第 1 次印刷
定　　价：59.00 元

凡所购买电子工业出版社图书有缺损问题，请向购买书店调换。若书店售缺，请与本社发行部联系，联系及邮购电话：(010)88254888，88258888。

质量投诉请发邮件至 zlts@phei.com.cn，盗版侵权举报请发邮件至 dbqq@phei.com.cn。

本书咨询联系方式：(010)88254579。

距离《最强大脑之魔方圣境》一书的出版已经有 5 年的时间了。非常开心能够看到在过去的 5 年时间里，越来越多的孩子可以接触到三阶魔方的无公式复原法，彻底摆脱魔方学不会、学了就忘、学完不会分享的窘境。

魔方自 1974 年被发明以来，一直以高智商玩具而著称。截至 2018 年，虽然仅三阶魔方，全球累计销售量就超过 3.5 亿个，但真正可以独立复原魔方的玩家却少之又少。其核心原因在于魔方多如繁星的变化形态和极高的学习门槛：需要记住大量的公式和图形。只要一条公式遗忘，就无法复原，从而导致学习魔方复原这项技能很困难，遗忘却很容易。

为了能够更好地普及魔方运动，无公式复原法应运而生。从打乱魔方到六个面完全复原，只需要一个四步手法，也就是耳熟能详的"上左下右"，使得魔方的学习成本几乎为零，只要有耐心，仅花费一两个小时，就可以独立复原魔方的六个面。

在当今社会，由于电子产品和短视频的流行，导致孩子过多地接触大量的碎片化信息，业余时间被游戏占据，注意力被抢夺，专注力下降。游戏软件的奖励机制让孩子能够轻易获得正向反馈，倘若不加以控制，那么孩子的逆商、抗挫折能力可能会变得不堪一击。尽管家长通过强制手段来限制孩子的手机使用时间，但还是不能从根本上解决问题。

魔方也许是这一问题的解决之道：让孩子在学习魔方的过程中，磨炼自己的心智；在刷新纪录的同时，不断挑战自我；在展示魔方复原技能的过程中，提高心理素质……总之，让魔方还给孩子一个真实、充实的童年。

本书讲解的正是上面介绍的无公式复原法，即利用一个手法复原魔方的六个面，利用一条公式，令复原时间缩短到 20 秒以内。目前，这种方法已得到线上、线下超过百万人的测试，经过几年的检验，依然很难找到可以再优化的空间。

大浪淘沙，经典永存。希望魔方这款妙手偶得的艺术品玩具，可以在历史的长河中永不消亡，而这套无公式复原法，也可以陪它一直流传下去。

致敬伟大的世界魔方之父 ——厄尔诺·鲁比克教授。

孙虹烨

2021 年 1 月

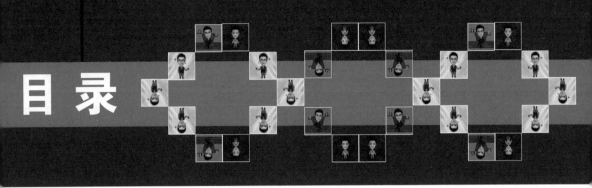

目 录

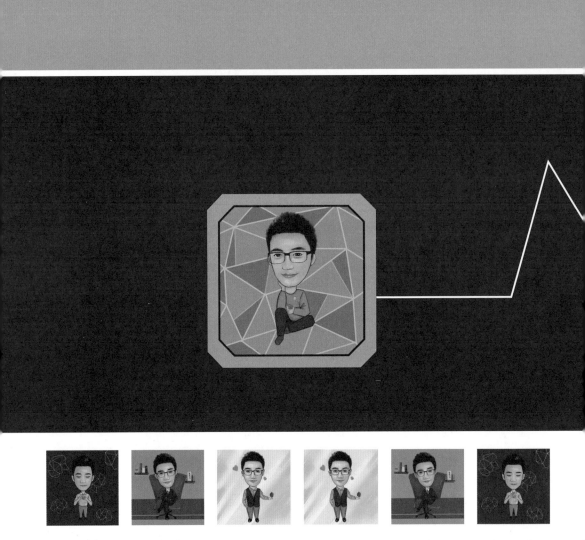

第一部分

小魔方大世界

第一章

认识魔方

第一节　魔方的诞生

　　魔方，英文名为 Rubik's Cube，又称鲁比克方块，是由匈牙利布达佩斯建筑学院厄尔诺·鲁比克教授发明的。

　　现在虽然魔方已成为一款畅销全球的益智玩具，但是魔方的设计初衷则与玩具毫无关联。1974 年，厄尔诺·鲁比克教授在教授三维设计课程时，课程中有一个常规实验：让学生用纸板制作立方体模型，以展示如何将一个立方体平均分割成8 个小立方体。为了能够更好地区分各个平面，厄尔诺·鲁比克教授将整个立方体的每个平面涂上不同的颜色。奇迹就此发生：当转动一个平面时，整个大立方体和小立方体的排列均发生了变化。这其实就是现在我们熟知的二阶魔方结构。

　　之后，厄尔诺·鲁比克教授又突发奇想，将整个结构运用到益智类游戏中，仅用了六周时间就设计出了现在的三阶魔方结构：每个小立方体紧凑排列，中间由六向轴和弹簧连接。整个结构

简洁、优雅，堪称艺术品。据说这个设计灵感来源于多瑙河畔的鹅卵石排列。

在世界上第一个魔方诞生后，厄尔诺·鲁比克教授用了一个月的时间研究出了一套还原方法。令人惊奇的是，厄尔诺·鲁比克教授在没有借助任何纸笔及计算机的情况下，完全依靠想象和推理得出了解决方法。要知道，完全依靠脑力独立复原魔方的人，可能是万中无一的。这正是厄尔诺·鲁比克教授的神奇之处。

第二节 魔方的变化数

魔方之所以如此神秘和难以复原，是由于它的变化形态实在是太多了。

就拿普通的三阶魔方来说，它的所有形态共有 43,252,003,274,489,856,000 $\approx$ 4.33×10^{19} 种。这个数字有多大呢？假设一个人可以以每秒 3 下的速度不停地复原下去，那么他需要 4,542 亿年才可将魔方的所有变化穷尽，差不多是已知宇宙年龄的 30 倍，而这也仅仅是三阶魔方而已。

这个数字是如何计算出来的呢？三阶魔方变化数的计算过程如下。

◆ 8 个角块：可以互换位置（8!），也可以翻转方向（3^8），但无法单独翻转一个角块（1/3），所以有 $8! \times 3^7$ 种变化。

◆ 12 个棱块：可以互换位置（12!），也可以翻转方向（2^{12}），但无法单独交换一对棱块（1/2），亦无法单独翻转一个棱块（1/2），所以有 $12! \times 2^{12} / (2 \times 2)$ 种变化。

◆ 6 个中心块：固定不可移动。

综上所知，三阶魔方共有 $\dfrac{8! \times 3^7 \times 12! \times 2^{12}}{2 \times 2} \approx 4.33 \times 10^{19}$ 种形态。

其他高阶魔方的变化数如下表所示[1]。

---
[1] 这一数据源于微信公众号碧海风云之《魔方变化数原理》。

阶数	变化数（约数）	阶数	变化数（约数）
二阶魔方	3.67×10^6	九阶魔方	1.4×10^{277}
三阶魔方	4.33×10^{19}	十阶魔方	8.298×10^{349}
四阶魔方	7.40×10^{45}	十一阶魔方	1.085×10^{425}
五阶魔方	2.83×10^{74}	十二阶魔方	2.06×10^{513}
六阶魔方	1.57×10^{116}	十三阶魔方	8.76×10^{603}
七阶魔方	1.95×10^{160}	十四阶魔方	5.4×10^{707}
八阶魔方	3.5×10^{217}	十五阶魔方	7.458×10^{813}

第三节　魔方的不同玩法

一、竞赛

目前，魔方已被全球各地的"魔友"作为竞赛项目，拥有自己的专业比赛。例如，由世界魔方协会（WCA）认证的比赛包括 17 个项目：

◆ 正阶魔方速拧：复原二阶魔方、三阶魔方、四阶魔方、五阶魔方、六阶魔方、七阶魔方及单手复原三阶魔方。

◆ 异形魔方速拧：复原金字塔魔方、斜转魔方、五魔方、Square-1 魔方及魔表魔方。

◆ 盲拧项目：闭眼复原三阶魔方、四阶魔方、五阶魔方和多个三阶魔方。

◆ 最少步比赛：用最少的步骤复原指定情况下的三阶魔方。

可以看到，在这 17 个项目中，仅针对三阶魔方的比赛就有 5 个，共涉及 11 种魔方。这 17 个官方项目既可以非常全面地展现魔方的魅力，也可以给予魔方玩家足够大的舞台。

二、MOD

魔方的 MOD 也称 DIY 魔方，是指在现有魔方的框架下设计出全新的魔方结构。我们常见的异形魔方都出自 MOD，魔方厂家可从中筛选出优秀的魔方设计进行量产。这种玩法又给予了魔方一个新的维度 —— 从单纯的竞速到创新的展现，使得魔方更具艺术性。

三、收藏

魔方同众多产品一样，也具有一定的收藏价值。除了三阶魔方，绝大多数的魔方市场需求不大，这就导致很多魔方变成了"绝版"产品，极具收藏价值。这些特定型号、特定批次、特定款式的魔方也具有特定的价值，可在魔友群体中小范围流通。

第四节　魔方是三全神器

魔方，大家看到这个词时第一个联想到的可能是"玩具"，就好像在淘宝店铺里面，魔方竟然被归类到"母婴用品"中，适用年龄为 6～13 岁！魔方真的比窦娥还冤啊！但是经过详细的市场调研和了解，真的也颠覆了我这个魔方爱好者对于魔方的认识。魔方，可被称为"三全神器"。

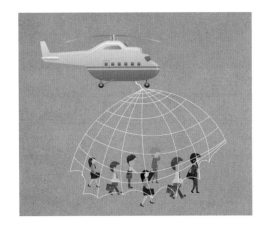

一、第一全：全年龄段

大家可以猜想一下，多大的孩子可以复原魔方呢？10岁？6岁？5岁？正确答案是2岁半甚至更低。大家看到的右面这张图片是黑龙江电视台报道的一则新闻：巴西一名2岁半的小姑娘在70秒的时间内复原了三阶魔方的六个面。细心的朋友甚至发现这个小姑娘用的还是高级方法！我

有幸在2015年巴西世锦赛的时候遇到了这个小姑娘，从而证实了这则新闻。怎么样，是不是超乎想象？事实证明，孩子的理解能力和记忆能力是非常强的，甚至在某些方面超过成年人。这则新闻也证明，魔方的六面复原确实没有那么难，只要有科学的方法，加上持之以恒的努力，每个人都是可以学会的。

可能大家不知道，中国在魔方复原方面有两项世界纪录：第一个是最大年龄复原魔方（84岁）；第二个是最大年龄盲拧魔方（80岁）。盲拧魔方需要先将魔方形态记下来，然后闭上眼睛再复原，是一种魔方里面顶级的玩法了，对于魔方技艺和记忆力都有一定的要求。事实证明，只要想学习，多大岁数都不是问题。

天津星星之火公益活动的负责人王老师曾邀请我到天津起航自闭症康复机构看望那里的孤独症儿童，我可以给他们带点什么呢？那就魔方吧！其实我也是有顾虑的：他们需要吗？他们学得会吗？但是当我站在他们面前，看着他们一个个兴奋、渴望的眼神时，我的顾虑瞬间被打消了，学会与否真的那么重要吗？重要的是，可以让他们知道他们并没有那么"孤独"。丹东市的史老师把魔方带入了盲童学校，史老师将不同形状的贴纸贴在魔方的六个面上，让孩子可以通过触感分辨不同的颜色。出乎所有人的意料，这些孩子仅用了三节课的时间就学会了三阶魔方六个面的复原手法，而且复原时间仅仅只有一分三十秒！上帝关上了一扇门，必定会

打开一扇窗。这些孩子的表现，更加坚定了我继续推广魔方运动的信念，所以，大家还有理由学不会吗？

🔍 二、第二全：全场景

其实魔方不仅仅是孩子们的益智神器，还是成年人的社交、减压神器，老年人的保健神器。

因为我是从 18 岁才开始玩魔方的，从此不能自拔，所以我深深地知道，魔方对于成年人的吸引力甚至要强于孩子。因为孩子们的升学压力较大，并且没有财务自主权，所以能不能玩魔方完全取决于家长的开放程度。我就很幸运，有着开明的父母，可以发展自己的兴趣爱好。一旦玩魔方被划分到"玩物丧志"的玩具行列，那就永无翻身之日了。不过，不用怕，如果爸爸妈妈不让玩魔方，大家就把这本书送给他们，相信没有一个家长会再限制大家玩魔方了。

成年人就不一样了，他们拥有财务自主权，可以控制自己的业余生活，所以玩不玩魔方完全取决于自己。现在成年人的工作压力非常大，社交圈小，正需要魔方这个减压和益智的神器来帮忙。我曾经做过很多次成年人魔方课程的尝试，无论是线上还是线下，效果都特别好，大受欢迎。大家学会魔方以后，喜欢随身携带一个魔方，在上下班的路上、同事聚会时拿出来"秀一秀"。不久之后，身边的朋友也会加入魔友的行列。就这样，魔方像病毒一般传播开来，最经典的例子就是现在我们《最强大脑》节目选手的聚会，完全"沦落"为为了魔方而聚会。

魔方需要动手、动脑，对于心血管、老年痴呆症等疾病都有一定的预防作用。之前老年人可能喜欢手里盘个核桃，或者一起打牌，现在完全可以学习魔方。

🔍 三、第三全：全脑

全脑是近几年比较热的一个词儿，是指左脑、右脑和间脑的功能开发。

大家都知道，大脑是分左右脑的。大脑交叉控制，比如左手由右脑控制，右手由左脑控制。而魔方由双手控制，自然也就锻炼了左右脑。左右脑的分工也是不同的：左脑是理性脑，主要负责逻辑、语言、数字、文字、推理和分析等，在刚开始学习魔方的时候，大家需要按照一定的方法去学习推理，其实此时用到的就是左脑；右脑是感性脑，负责图画、音乐、韵律、感情、影像、想象、创意等，拥有非凡的创造力和记忆能力，大家可以看到高手转魔方的速度极快，这是因为大量的魔方练习启动了右脑高速处理图像功能，魔方在开发右脑方面具有优势。

第五节　玩魔方的好处

魔方由一个个模型组成，复原魔方其实就是在学习一个个思维模型。

随着对魔方学习的不断深入，大家的专注力、记忆力、反应速度、逻辑思维等综合能力会得到提高，还能通过总结学习方法帮助大家提高学习成绩。当然，并不是每个人一玩魔方就可以马上体会到它的好处，所以我来分阶段向大家介绍，对于不同的人，能收获什么。

 ### 一、不会复原及刚学会复原三阶魔方的人

1. 提高立体空间感

玩魔方，最直接的好处是提高对立体图形的想象力，这也是绝大多数人觉得魔方很难的原因。其实这就好比学走路，也说不出具体应该怎么走，只能告诉你要这么走，然后自己去找感觉。魔方也是一样，只要你抓住了那种感觉，后面的复原就水到渠成了。

打个比方

现在大家可以做一个实验：手里拿一个魔方，看看可不可以拼出一个面，拼完一个面再挑战一下能不能拼出一层。如果这些都做不到，别灰心，试一试"小花"这个图形，这个是我教授魔方复原方法体系中的第一步，也是最难的一步，注意，大家没有听错，是最难的一步。因为这一步没有公式，全靠理解。大家可能在这一步花费的时间比其他步骤加起来都多，但是如果大家可以拼出这个图案，那么恭喜大家，已经学会魔方复原方法的一多半了。当然，小花拼不出来就没救了吗？当然不会，继续阅读本书吧！

2. 锻炼执行力和专注力

上面说第一步的小花是最难的，其实是因为后面的每一步都有具体的套路，只要完全按照我的"指挥"来操作就百分百可以复原。这时最需要的是执行力和专注力。很多小朋友学魔方，他们对空间几何的理解没有任何问题，但就是坐不住，专注力不够，学一会儿就不知道跑到哪里去玩了，导致的结果就是：有的孩子学得快，有的孩子学得慢。以我教过的一年级小朋友举例，最快的 3 个小时就从零基础学会复原，最慢的 6 个小时也可以独立复原，所以大家就知道执行力和专注力是多么重要了。仅在学魔方这一件小事儿上就产生了一倍时间的差距，若在专注力和执行力方面有所欠缺，那么对今后的学习、生活、工作的影响是多么巨大呀！所以，我每次制订课程计划时都会考虑到这一点，有的家长可能觉得 90 分钟，甚至 120 分钟的魔方课时间会不会太长？但是我觉得，锻炼孩子的意志品质，远比学会复原魔方来得重要。

3. 增强自信心

在俞敏洪的文章《当你活在别人的眼中，你就永远没有你自己》中有这样一段话："人一辈子要找一个立足点，如果在同学面前你一无是处，那么你自己都会看不起自己，但如果你有一个方面比较厉害，哪怕别的方面都不行，你也会有建立自信的基础。"我想这也是现在大多数家长让孩子从小学习各种艺术课程的一个重要原因。自信是一个人一生的财富，当然这种自信并不是盲目的自信，而是基于自身的实力从内心深处散发出来的，这种感觉是不能作假的。

以我自己为例，我从小也学过一些艺术方面的课程，但可能因为对艺术不"感冒"，所以跟大多数孩子一样没有坚持下来。虽然学习成绩还说得过去，但是也没有特别突出，默默无闻地度过了我的青少年时期。直到高三，我接触了魔方这项运动，从开始学会复原给亲朋好友展示，到后来建立社团、参加比赛、兼职当老师，一步步走下来，觉得自己越来越自信。魔方之所以吸引人，在于每次复原后的那种满足感，自信也会在一次次打破自己的纪录、别人的赞扬和鼓励中一点点建立起来。

二、三阶魔方复原达到 1 分钟以内的人

训练手眼协调

大家一直有一个错误的观念：魔方转得快，全靠手速快。其实生活中也有很多例子可以证明其错误性，比如打字。美国科学家曾经统计过，人们使用键盘上的哪个键最多？答案是退格键。大家可以测试一下自己录入英文文章的速度。一般人的单词录入量可能约为每分钟 100 个，但是要注意，有多少时间是浪费在输错、删除、重输这个过程中的。其实只要保证每一次录入都正确，就可以轻松达到每分钟 200 个单词的录入速度，根本不需要什么所谓的手速。虽然我就是典型的慢手速选手，但是也可以轻松做到 10 秒复原三阶魔方。

为什么有的人好像转得很快，时间却很长呢？这是因为眼慢。其实这也是我认

为练习魔方时最难提高的一点：手快很容易，只要"使劲"，大家都可以转得很快，但是手转魔方是一个机械运动，是有极限的。很多魔友确实转得飞快，但是中间观察的时间花费过多，造成用时很长。记得电影《头文字 D》里面有这样一个桥段：有一天藤原拓海让他爸爸带他去医院配眼镜，经过医院检查，发现什么毛病都没有，他爸爸很生气，问他到底是怎么回事儿，他说不知道为什么，现在眼睛看东西越来越慢了。其实这是因为他的眼睛越来越快了，菲神[1]也说过："10 秒左右是不需要什么手速的。"这也刷新了我对于魔方的理解，所以大家要达到 1 分钟以内复原魔方很容易，只要不转错、连贯即可。

三、三阶魔方复原达到 30 秒以内的人

1. 锻炼心理素质

其实我通过魔方受益最大的要数心理素质了。不瞒大家说，我在初中的时候曾经是一个当众讲话结巴、不能说出完整句子的孩子。但是现在，我参加各种电视节目录制、各种商业演出，甚至给几百人做演讲都能应对自如。还记得我参加人生第一次魔方大赛时的场景，平时的练习成绩已经达到了平均 21 秒，但是最终比赛时却以 31 秒的成绩无缘复赛。之所以比赛成绩和练习成绩差距那么大，正是因为紧张。

此后我苦练魔方，以后的每次比赛都可以顺利进入决赛。初赛、复赛几乎都可以正常发挥，真正的考验在于决赛。因为三阶魔方的速拧决赛是最具观赏性的比赛，类似于田径的百米冲刺，所以往往作为最后一个项目压轴出场，并且进入决赛的选手要依次到台上比赛，或者两两对决。大家可以想象一下，近百名观众甚至几百名观众都会在台下注视着你，这种紧张程度可想而知，所以，决赛也是选手很难发挥出正常水平的时候。我一开始也很难适应，但是一直咬着牙硬着头皮上。正是我的

---

① 菲利克斯·曾姆丹格斯（Feliks Zemdegs），别名菲神，1995 年 12 月 20 日出生于澳大利亚墨尔本，是一位全能的魔方玩家，目前已打破 78 个魔方项目的世界纪录。

坚持，得到了回报，经过几十场大赛的洗礼，我的心理素质得到了很大提高，从而做到了后来大家看到的在《最强大脑》节目中的从容淡定。如果你的心理素质不好，也可以来试一试。

2. 锻炼意志品质：119 个公式

很多朋友在学会复原魔方后，最大的问题就是如何提速。其实除了我讲解的基础复原方法，确实还有一些高级方法，比如桥式，以及最流行也是现在世界纪录保持者用的 CFOP。在练到复原时间为 30 秒左右的时候，如果还想提速，就需要学习一些高级方法。高级方法可以认为是对魔方转动的进一步理解和对各个步骤的穷举，即需要理解和记忆一些公式。就 CFOP 来讲，它的基础公式就有 119 个，还不包括双向、四向、非标等公式变形，公式量可见一斑。这就需要有很好的记忆力或很好的记忆方法，以及持之以恒的坚持和努力。

几年前，曾经有一个比较流行的称呼 ——全公式选手。因为当时大家普遍认为，把这 119 个公式及图形全部记忆下来并且可以快速反应出来几乎是不现实的，所以"全公式选手"也是当时比较牛的称号。但是在了解了魔方公式的记忆方法后，"全公式选手"也就没有那么神了。其实魔方的公式都是靠一种叫"肌肉记忆"的方法记忆下来的，简单来说就是熟能生巧，靠的就是练。在记忆一个公式时，只需要看着高手的手法视频，一遍一遍地跟着练，再将公式和图形对应就可以了，所以记公式并不费脑子，大家多花费一些时间都能记下来，但是对一个人意志品质的考验就太大了。当把所有公式都记下来以后，那种"清爽"只有体会过的人才知道。

3. 认识新朋友，扩大交际面

我特别感谢魔方让我结识了很多朋友：第一次见网友、第一次独自旅行、第一次出国……我这么多的第一次都献给了魔友。高考结束后的三个月时间里，我都是一个人在练习。为了搜索有关魔方的资料，经常出入各大贴吧、论坛，自然也会和其中的网友产生互动。当时印象最深的就是魔方小站中名为"千年部落"的魔友，我们经常在网上探讨魔方技术问题，甚至切磋、PK，这位名为"千年部落"的魔友就是贾立平。他当时在北京读书，经常参加北京当地的魔友聚会，也带我认识了当时的"北京第一"。现在回想起来要不是被"北京第一"虐了这么久，也不会有我现在的成绩。虽然魔方复原不难，但是真正喜欢它的人起码脑子不能懒，要多思考，因此喜欢魔方的人大多比较优秀，如上市公司高管、全球 500 强员工等。魔方让我接触到了很多牛人。

即使是现在，我依然感谢魔方让我不再孤独。我现在创业的合作伙伴、很多朋友都是通过魔方认识的。这些朋友才是魔方带给我的最大财富。

4. 增强记忆力，学习记忆方法

在《最强大脑》节目的舞台上，不乏很多记忆力超强的"牛人"：有的可以在十几秒内记下一副扑克牌；有的可以记下 7000 多张油画碎片；有的可以把百家姓记下来放到魔方上面随意转动！认识了这么多牛人后，我也向他们请教记忆秘诀，才有了《最强大脑》第三季《魔方画中画》的挑战：《魔方画中画》是由 1044 个三阶魔方、9396 个色块组成的世界名画《鸢尾花》。选手需要把每个色块都记下来，现场嘉宾先任意选择一个位置，再由选手把选中的图案盲拧出来。这个项目无论是从难度上还是记忆量上，都是史无前例的，但是我们却成功完成了挑战，可见魔方对于记忆力的帮助是非常大的。

在练习魔方的过程中，我学会了很多记忆方法，比如，一开始学习魔方复原时发现直接记公式太难了，于是就观察魔方的变化，按照图形记忆；在学习 CFOP 高级方法时会结合图形记忆和肌肉记忆，不仅记忆效率大大提高，而且记忆难度也下降了很多；在学习盲拧后，从一开始记忆一个魔方、几十个魔方，直至后来记忆成百上千个魔方，在掌握记忆方法的同时，记忆能力也逐步得到提高。现在回过头来，若将此记忆方法应用在记忆古文、英语单词上，真的是太简单了！聪明的小伙伴们，赶快来尝试一下吧！

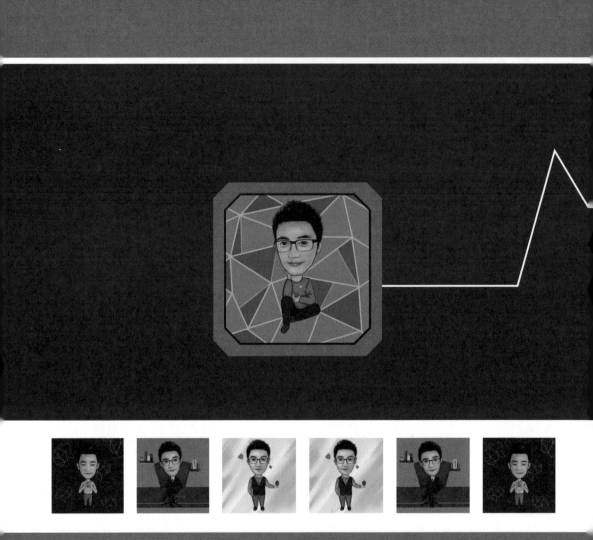

第二部分
三阶魔方解法

第二章

三阶魔方基础复原

第一节　距离魔方复原仅有咫尺之遥

　　从本章开始正式进行三阶魔方入门方法的学习。在完成本章的学习之后，大家便可轻松、独立地复原一个三阶魔方。整个学习过程需要 1 ～ 3 小时。若继续学习本章后面的提速技巧，便可让大家了解一套更加完善的三阶魔方入门体系，并最终掌握一套可以最快 30 秒以内复原三阶魔方的初级方法。

　　魔方，大家都听说过，可能很多人小时候也玩过，但是真正可以独立复原魔方六个面的人却少之又少。最近魔方这个"玩具"似乎又火了一把，在《最强大脑》《出彩中国人》《非诚勿扰》等高收视率的节目中频频出现魔方的身影，甚至魔方一度被大家理解为"高智商的玩具"，导致很多朋友对魔方望而却步。我是一名魔方爱好者，所以我想负责任地说：魔方真的被过度神化了，甚至大家对于魔方的理解仅仅是"背公式""记口诀"而已。导致出现这种情况的原因很多，其中最重要的一条就是与现在市面上的绝大多数魔方类图书和网上的教学视频有关。说实话，我本身是学数学的，而且比较喜欢计算机编程。但是当我看到学习复原魔方需要记住大量"晦涩难懂"的公式时（当然接触后发现其实很简单），内心是特别抵触的，更不要说在生活中很少接触公式的大朋友和小朋友了。在我玩魔方的 6 年时间里，也没有听说过一条所谓的"口诀"。

我在上大学的时候就成立了魔方社团，开始兼职教授魔方，也同大大小小的很多培训机构合作开设过魔方课程。可以说，这段经历为我后面全职推广魔方运动打下了坚实基础。慢慢地我发现，在入门阶段就背公式和记口诀完全是"效率极低"的行为。

于是我开始思考有没有什么更好、更高效的方法呢？回顾我自己学习魔方的历程，开始寻找可以让大家快速学会三阶魔方复原的方法。功夫不负有心人，终于，我结合自己速拧和盲拧的经验，研发出了一套只需要一个手法（RUR′U′）就可以将魔方复原的方法，并且开发出了后续的提高技巧和进阶方案。之后针对这套方法又前前后后录制多个教学视频：从最开始利用家里的摄像机录制，到后来专门跑到内蒙古高价聘请专门的团队录制，经过线下课堂、线上录播课程上百万人的检验有效。看到大家通过我的方法实现了童年的梦想，我觉得所做的一切努力都是值得的。

我相信，你一定是下一个受益者！

第二节　魔方的结构

思考环节

魔方为什么可以每个面自由旋转呢？你了解它的内部结构吗？

在正式学习魔方复原方法之前，大家首先要认识一下魔方的结构，这样将有助于大家理解魔方的转动原理。魔方的"魔"是指它神奇的结构：每个面都可以独立旋转。魔方是作为建筑学的教具产生的，经过多年衍变，逐渐变成了今天的样子。下面就剖开魔方的"伪装"一探究竟吧！

大家现在看到的就是三阶魔方的中心轴，它是魔方最里面、最核心的结构。三阶魔方的中心轴有六个方向，分别与下面的螺丝一起固定住魔方的六个中心块。

 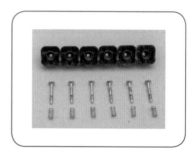

魔方内部的弹簧、垫片和螺丝用来连接中心轴和魔方的中心块，转动魔方时经常听到的嘶嘶声就是由弹簧摩擦产生的。一般质量比较好的魔方都会富有弹性，好多朋友感觉好像有吸铁石，但其实只是里面弹簧产生的效果。弹簧弹力的大小、垫片的薄厚程度、螺丝和轴距等细节指标将直接影响魔方的手感。

一、中心块

接下来，就到了介绍魔方块种类的时间了。其实魔方块总共分三种：中心块、棱块、角块。

中心块是直接也是唯一和中心轴通过螺丝相连的块。一个三阶魔方总共有六个中心块。中心块的特点是在每个面的中心有且只有一个色块。大家还可以发现，因为中心块是和中心轴相连的，所以其位置是固定不变的。大家随意旋转手中的魔方就会发现，无论怎么转动，中心块的顺序都不会改变，即白对黄、蓝对绿、红对橙。这是魔方的官方配色方案，只要是稍微正规一点的魔方都会是这个颜色顺序。

　　说到这里，聪明的你一定想举出反例，比如转动中层。但是很快你就会发现，虽然看起来是中心块转动了，但是依旧没有改变中心块颜色的相对位置，所以这种转法可以理解为坐标系改变了，但是中心块的相对位置却没有改变。原因很简单：中心轴是固定的，中心块又固定在中心轴上，所以中心块是不可能改变的。

　　中心块的这个特点使它具有一个非常重要的功能：中心块是确定所在平面颜色的标准。所以在复原魔方时就要注意了，我们要把所有的色块向中心块靠拢，而不是最后拼中心块。比如右下方这种情况，虽然也可以拼出来，但是就不如其他色块向中心块靠拢来得简单。

二、棱块

　　棱块位于每条边的中间，有且只有两个色块，一个三阶魔方总共有 12 个棱块。

三、角块

角块位于魔方的顶点位置，有且只有三个色块。一个三阶魔方总共有 8 个角块。

思考环节

大家能不能将下面角块上的白色块，转到上面棱块的位置？

答案是，不可以。魔方的中心块、棱块和角块不能互换。因为每个棱块、角块和中心块上面的色块数量是不一样的，从魔方拆解图来看，其实棱块、角块、中心块的结构也不一样，从而导致它们的位置不能互换。如果结构不同也可互换，那只有一种可能，那就是魔方散架了。

别看这个问题很简单，但是很多朋友在后面拼魔方时会犯这样的错误：这一步需要找棱块，但是却找到一个角块，拼了半天也拼不过去。在学习完三阶魔方的复原方法以后，我们就会更加清晰地体会三阶魔方的复原思路了！

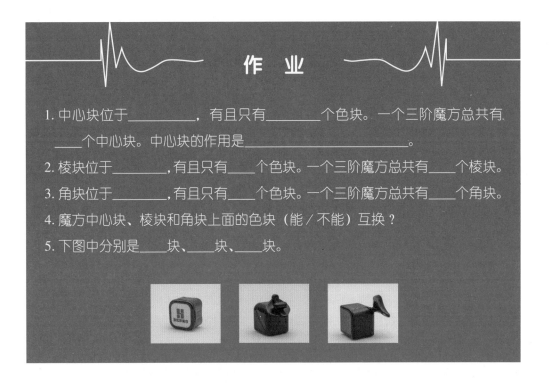

作 业

1. 中心块位于_____，有且只有_____个色块。一个三阶魔方总共有____个中心块。中心块的作用是_____。

2. 棱块位于_____，有且只有____个色块。一个三阶魔方总共有____个棱块。

3. 角块位于_____，有且只有____个色块。一个三阶魔方总共有____个角块。

4. 魔方中心块、棱块和角块上面的色块（能／不能）互换？

5. 下图中分别是____块、____块、____块。

第三节 第一步：小花（白色棱块方向）

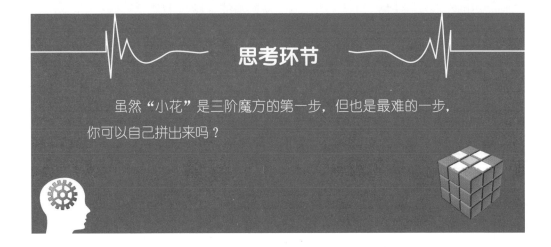

思考环节

虽然"小花"是三阶魔方的第一步，但也是最难的一步，你可以自己拼出来吗？

以上是我每次给大朋友、小朋友们上魔方第一课时必说的一句话，大家听完以后的第一反应和正看到这里的你一样：真的假的？我怎么不信啊！但是事实证明，我确实没有忽悠大家，你马上就会有所体会，而且每次大家学完我的成套教程以后，都会跑来问我："老师，小花这一步有没有简单一点、快速一点的方法啊？"

下面我希望大家先来尝试一下，自己拼一拼这个"小花"。小花的要求如下：

❶ 花心（中心块）是黄色的。

❷ 花瓣（棱块）是白色的。

❸ 角块任何颜色都可以。

看到这里相信大家已经做了尝试，并且有了一些成果，比如已经可以顺利拼好小花或者拼好了 3 个花瓣等。无论是哪种结果都没关系，之所以说小花最难，其实是因为有些朋友还没有理解魔方的转动原理，一旦理解了这一点，后面的操作步骤就迎刃而解了。下面具体分析一下小花这一步到底是怎么拼的。大家先来看小花的配色，花心是黄色的，花瓣是白色的。大家在初学魔方复原的时候一定要按照这个配色来学习，到后面可以熟练复原以后，再按照自己的喜好调整，并且后面的教程也是按照这个配色讲解的。前面提到过，中心块的作用是确定该平面的颜色，所有相同颜色的块都要向中心块靠拢，所以为了观察方便：❶ 一开始就把黄色中心块（看作太阳）放在最上面；❷ 观察的时候只需要水平转动魔方，这样就不会乱；❸ 也可把黄色中心块看成旋转木马的中心。

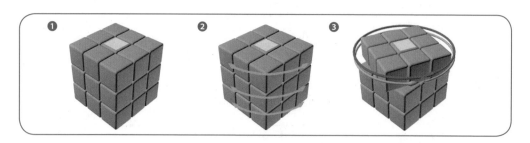

魔方呢，我把它比喻成大楼，花心（黄色中心）在天台，现在有 4 个座位需要大家去坐。每个侧面的第一列被称为第一单元，第二列被称为第二单元，第三

列被称为第三单元，最底下的一个面被称为地下室。怎么样，是不是很形象？现在开始找，找什么呢？当然是找花瓣啦！在找花瓣时，魔方要水平转动，在第一、二、三单元都没有的情况下，再看地下室。当然了，要具体情况具体分析。

🔍 一、花瓣在第一单元、第三单元或地下室，楼顶没人

第一种情况是最简单的，只需要看示意图就能发现，仅需一步就可以把花瓣（白色棱块）转到顶层。

1. 花瓣盛开在第一单元

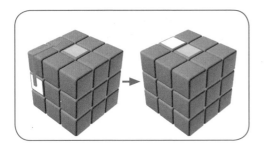

2. 花瓣盛开在第三单元

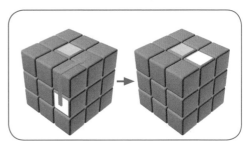

3. 花瓣盛开在地下室

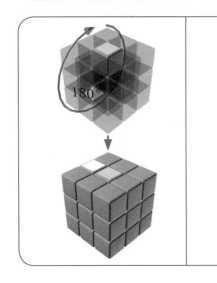

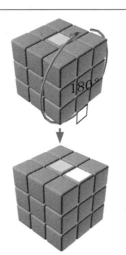

🔍 二、花瓣同样是在第一单元、第三单元或地下室，楼顶有人

大家可以看到，第二种情况和第一种情况的位置是一样的，区别只在于：在第二种情况下，花瓣即将转上去的位置已经有了一个花瓣，也就是楼顶有人了，比较碍事儿。碍事儿的话怎么办呢？转走就可以了，像旋转木马一样一直转，直到上面的位置空出来，再按照第一种情况的方法，把花瓣转上去，仅需两步就可以将花瓣转到位置！

1. 花瓣盛开在第一单元

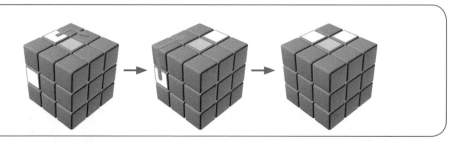

2. 花瓣盛开在第三单元

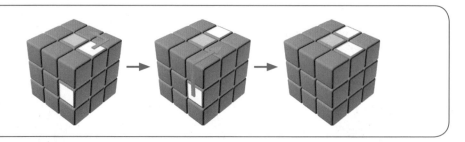

3. 花瓣盛开在地下室

第一种情况

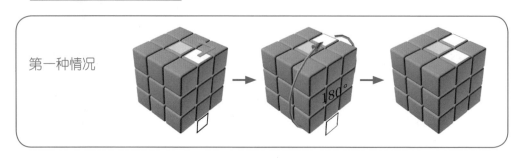

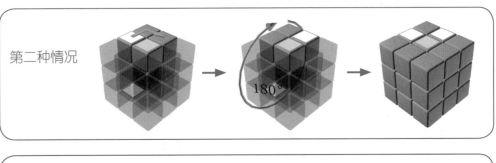

第二种情况   180°

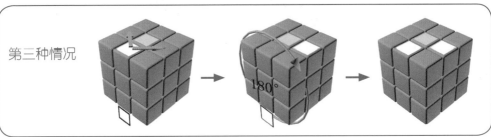

第三种情况   180°

三、花瓣在第二单元

这种情况是在拼小花的过程中最复杂的一步，但是也可以将其转化成之前已经熟悉的第一种情况或第二种情况。比如，花瓣在第二单元时，将它转到第一单元或第三单元，剩下的步骤是不是就熟悉了？其实只要顺时针或逆时针转动前面这一层，就可以把它变成第一种或第二种情况，最多三步就可以将花瓣转到位置！

怎么样，是不是特别简单？小花和魔方的诀窍就在这里：转动前面！如果掌握了这一步，那么恭喜大家，距离复原魔方不远了！

1.第二单元第一层

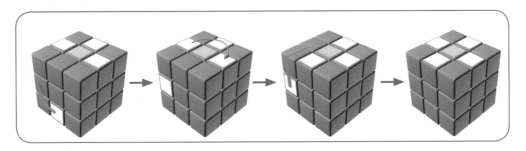

2. 第二单元第三层

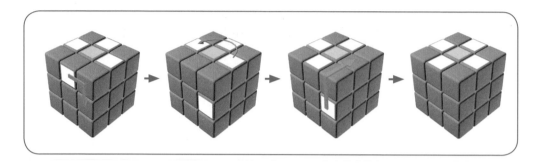

🔍 四、复习时间到

到目前为止，已经讲完了小花这一步的所有情况。下面用关系图整理一下，无论哪种情况，都可以从下图中找到完美的解决方案！

1. 花瓣在侧面

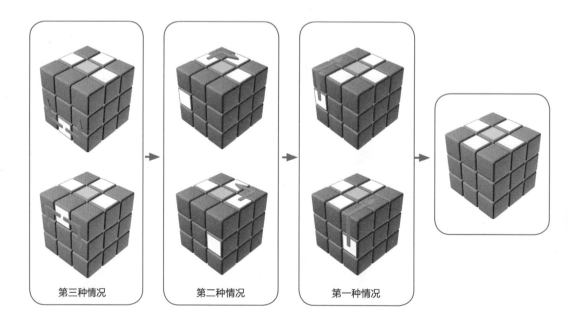

第三种情况　　　　　　第二种情况　　　　　　第一种情况

2. 花瓣在地下室

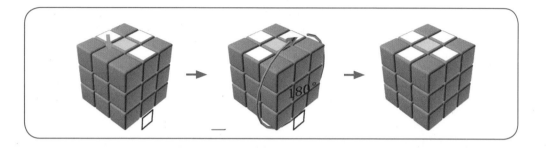

作 业

1. 小花花心是_____色的_____块。花瓣是_____色的_____块。

2. 拼小花的时候，我们要把_____色中心块放在顶层（太阳），转动的时候先
_____转动，观察四周的四个面，再观察_____面。

3. 小花的第一种情况：花瓣在第_____单元、第_____单元和地下室，且楼
顶没有人。处理方法：将花瓣直接转到楼顶。

4. 小花的第二种情况：花瓣在第_____单元、第_____单元和地下室，且楼
顶有人。处理方法：先把碍事的"人"转走，再将花瓣转到楼顶。

5. 小花的第三种情况：花瓣在第_____单元。处理方法：先把花瓣转到第_____
单元或者第_____单元，再按照前两种情况处理。

6. 看图判断如下是第几种情况：

第_____种　　　　　　　　第_____种　　　　　　　　第_____种

7. 每天练习小花 10 次：要求每次拼小花的步数在 8 步以内，没有废步。注意：
若想复原三阶魔方的时间在 1 分钟以内，那么小花要在 5 秒内完成。

第四节 第二步：十字（白色棱块位置）

如何拼出花瓣侧面和相邻中心块颜色一致的十字？十字的要求：在白色十字拼好的同时，花瓣的侧面颜色和该平面的中心块保持一致。因为要拼的是六个面，所以每拼好一面，都要求这一块（前后左右）各个方向的颜色一致。

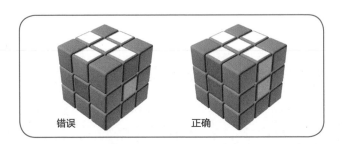

错误　　　　　　　　正确

其实细心的朋友可能已经发现了，只要把小花的花瓣直接转到地下室，十字就已经拼好了。但是如果只是这样操作的话，花瓣的侧面和中心块的颜色不一定相同，所以在把花瓣转到地下室之前，还有一步必须执行的操作：核对侧面颜色，如右图所示，绿色的花瓣可以直接转到地下室，而蓝色的花瓣则需要调整后再转到地下室。

一、花瓣侧面颜色和相邻中心块相同

先观察一下四个花瓣的颜色和中心块是否相同，如果发现有相同的，就可以将其转两次，也就是 180° 转到地下室。

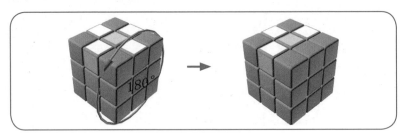

🔍 二、花瓣侧面颜色和相邻中心块不相同

如果发现没有花瓣颜色和中心块相同时，那么左手抓住顶层不动，右手转动下面两层去找花瓣的颜色，一旦找到相同的就把花瓣转到地下室。反复操作，直到四个花瓣都成功抵达地下室。

注：左手不动，右手转动下面两层

作　业

1. 十字的要求：十字拼好的同时，＿＿＿＿的颜色和＿＿＿＿颜色一样。

2. 如果花瓣和相邻中心块的颜色相同，那么＿＿＿＿＿＿＿＿＿＿。

3. 如果花瓣和相邻中心块的颜色不同，那么左手＿＿＿＿＿＿＿＿＿，
   右手＿＿＿＿＿＿＿＿＿，直到颜色相同，再＿＿＿＿＿＿＿＿＿。

第五节　复原手法

思考环节

魔方转得快只是因为手快吗？

大家可能一直有一个疑问，跟着我学习魔方的初级方法时既不用公式，又不用口诀，那么怎么学呢？答案是学习手法。因为看一个人会不会拼魔方，最简单粗暴的方法就是看他的手法。很多高手复原魔方特别快，其实并不一定是他的手速有多快，而是他们采用了一些非常顺手的手法，只要稍加练习，就可以转得非常快、非常炫。

普通青年玩魔方

文艺青年玩魔方

下面开始秘密传授上面提到的神奇手法，也是学习三阶魔方初级方法时使用的唯一手法。这个手法不仅在入门操作中会用到，而且在速拧和盲拧中也会用到，可以说是魔方玩家的必学手法。下面就来具体看一看。

一、右手手法

1. 起始手位

左手前后拿，大拇指在前，食指、中指、无名指在后面，小拇指自然放就可以。拿的时候要注意，正面的大拇指只拿左下的四个色块，后面三个手指同样只拿四个色块。拿好后可以转动魔方的顶层和右层，如果没有阻碍，就说明是对的。在这个手法中，左手的作用是尽可能拿稳，辅助右手转动，那么右手这个"主力选手"呢？首先摆出一个大"C"，食指、中指、无名指依次放到魔方顶层右侧的角块、棱块和角块上面，大拇指放在地下室右侧的棱块上面。

简单来说就是左手前后拿，右手上下拿。起始的手法一定要做对，其实只要手法没有问题，也就成功了一大半。有的小伙伴之所以经常做错，就是因为刚开始时手法没有做对。

2. 具体转法

❶ 右层向上转动：右手手掌向上转动 90°，手腕用力。

❷ 顶层向左转动：用右手食指向左拨 90°，仅手指用力。

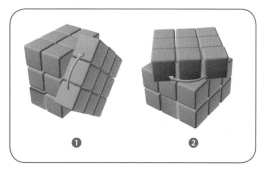

❶　　　　　❷

❸ 右层向下转动：右手手掌向下转动 90°，手腕用力。

❹ 顶层向右转动：用左手食指向右拨 90°，仅手指用力。

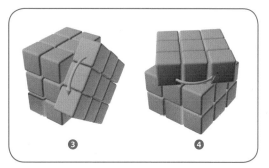

❸　　　　　❹

3. 注意事项

❶ 右手大拇指一直要抵在地下室右侧第二个棱块上面。

❷ 左手向右拨的时候，右手的食指、中指、无名指可以微微抬起来。

❸ 手法可以连续不停地做，不需要换手。不用换手也是这个手法快的主要原因。

手法学会以后，接下来的任务就是练熟。刚开始转的时候一定会很别扭，但是我们的大脑拥有很强的调整、纠错功能，只要按照正确的手法多加练习即可。当然练习也有一定的方法，刚开始时一定不能图快，通过观察高手的慢动作回放视频可以发现，虽然他们转得很快，但是依然可以做到每一步都转得特别到位，这就是日积月累、长期大量练习的结果。所以一开始练习手法时一定要心静，不求速度，只求每一步转到位。只要练习的次数多了，速度自然就上去了。其实做任何事情都是如此，只要不出错，就是最快的速度。

初级右手手法的标准速度：6 遍右手手法在 6 秒以内完成。为什么是 6 遍呢？因为一个魔方做 6 遍右手手法，就会回到 6 遍之前的状态，也就是说对于一个复原好的魔方，再执行 6 遍手法就会再次复原，不信的话你可以尝试一下。什么？手里没有复原好的魔方？那就赶紧继续学习教程吧！

二、左手手法

到目前为止，我们的右手手法应该已经很熟练了，接下来要继续提高难度了：左手手法。左手手法完全是右手手法的对称转法，也就是说右手怎么转，左手就怎么转。大家可以先尝试一下，相信大家可以很轻松地自己推导出来！

1. 起始手位

左手手法的握法：右手前后拿，左手摆出一个大 "C"，食指、中指、无名指依次放到魔方顶层左侧的角块、棱块和角块上，大拇指放在地下室左侧的棱块上面。

2.转动方法

① 左层向上转动：左手手掌向上转动90°，手腕用力。

② 顶层向右转动：用左手食指向右拨90°，仅手指用力。

③ 左层向下转动：左手手掌向下转动90°，手腕用力。

④ 顶层向左转动：用右手食指向左拨90°，仅手指用力。

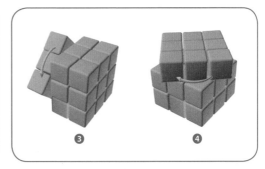

怎么样？有了右手的基础后，左手手法是不是很简单？但是大家可能会发现，左手手法比右手手法更别扭，这是因为大多数人平时都习惯用右手多一些，但是没关系，现在，大家有了它——魔方，益智神器。大家知道，左手由右脑控制，右手由左脑控制，魔方要依靠双手转动，所以，一个小小的魔方就可以把大脑充分锻炼出来了。抓住机会让右脑觉醒吧！

三、左右手的转动秘诀

到目前为止，大家已经学习了在初级方法中唯一需要记忆的手法。虽然很简单，但是一开始也会弄乱或记不住。下面介绍几种常见的记忆方法，希望对于大家后面的记忆有所帮助。

1. 记口诀

右手手法：上左下右。左手手法：上右下左。这是一种最不推荐的记忆方法，因为口诀省略了很多重要信息，比如"上左下右"的意思是"右层向上，顶层向左，右层向下，顶层向右"。所以，如果不了解其含义的话非常容易记错，这就是口诀记忆的弊病。

2. 画圆法

右手手法就是用右手向里画圆，左手手法就是用左手向里画圆，并按照画圆方向转动就可以了。

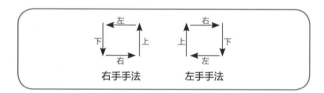

3. 肌肉记忆法

第三种也是最推荐的方法：将手法记忆练习到肌肉记忆，比如正常持握魔方，如果需要用到右手手法，就把右手翘起来，前三步用右手做，最后一步用左手做。总结后就是：右手手法前三步用右手转，最后一步用左手转；左手手法前三步用左手转，最后一步用右手转。

一个手法做 100 遍，我不相信记不下来。

上面介绍的只是最简单的记忆方法，但是很实用。随着学习逐步深入，我还会介绍很多种高级的记忆方法。相信学到这里，大家已经可以很熟练地转出左手、右手手法了。如果还不可以，则请大家多加练习。因为从下一节开始，每一步都需要用到左手、右手手法，而且一旦转错，就可能导致前功尽弃，需要从头再来，所以大家一定要夯实基础。

作 业

1. 左手手法练到 6 秒内转 6 次。
2. 右手手法练到 6 秒内转 6 次。

第六节　第三步：第一层（白色角块）

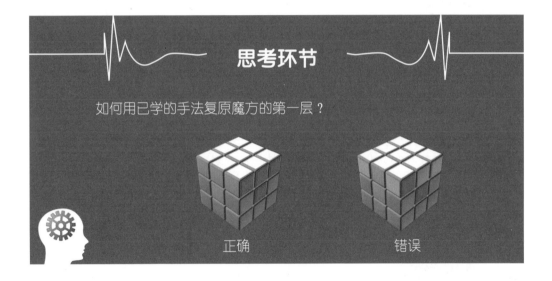

思考环节

如何用已学的手法复原魔方的第一层？

正确　　　　　　　错误

　　下面来学习第一层的复原方法。当第一层复原后，即在白色面复原的同时，白色面的侧面颜色也都相同，并且每一面都有一个小 T，这才是这一步拼完的结果。像上面右边的情况，虽然白色面好了，但是白色面的侧面不对，仅仅拼好了"一面"是不对的，我们要特别注意，这种情况的出现主要是因为没有执行"定位"这一步。下面就来具体学习第一层的复原方法。

🔍 一、一般情况

1.（观察）找白角

做完十字以后，十字应该在地下室，不用换方向，在顶层找一个白色角块，比如下面的三个角块都是可以的。

2.（操作）定位

大家要注意这一步尤为重要，如果没有做这一步，就会变成思考环节中错误的情况。定位的方法：先找到角块除了白色以外的两个颜色，再把这个角块放到那两个颜色的中心块的中间。例如，找到的角块是白、红、蓝，则转动顶层，将这个角块放到红色和蓝色面的夹角上。如下三种情况都是可以的。

目标位置

目标位置

目标位置

大家想一想为什么要这样放？中心块的作用是可以确定所在平面的颜色，所以目标位置的颜色应该是白、红、蓝，也就是把找到的块到应去位置的上面，下面的操作就是将这个角块转到地下室。

3.（观察）方向

观察方向是指观察白色块在这个角块的哪个方向。其实角块只有三个方向：左、右、上。但是在观察方向时，大家容易理解为白色块朝向哪边就是方向，比如有的时候，虽然白色块是朝左的，但它是在这个角块的右边，所以白色块的方向为右边。大家一定要注意，这一步问的是白色块在哪边，而不是朝向哪边。

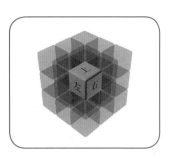

4.（操作）做手法

❶ 如果白色块在左边，就把白色块朝向左手手心，做一遍左手手法。

❷ 如果白色块在右边，就把白色块朝向右手手心，做一遍右手手法。

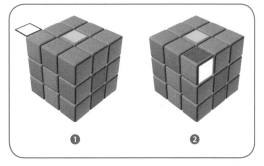

❶　　　　　❷

❸ 如果白色块在上面，那么将白色块放在左边或右边，放在哪边就做该手手法三遍。

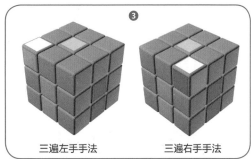

❸

三遍左手手法　　　　三遍右手手法

怎么样，一个角块是不是就复原了？再重复上面的过程直到所有角块都归位。

二、特殊情况

在复原的过程中，其实每一步都会有"特殊情况"，但只要懂得每一步的原理就会发现，所谓的特殊情况，只不过是普通情况的变形而已，没有什么可怕的。

所有的特殊情况都可以用普通方法处理。只要记住了这一法则，那么所有的特殊情况都不再特殊，都能迎刃而解。这一步的特殊情况如下图所示，角块都已在地下室。

再来复习一下特殊情况的处理方法：所有的特殊情况都可以用普通方法处理。所以大家是不是应该明白怎么处理了呢？思路是这样的：之前学习的是从顶层做手法转到底层，但是现在的角块已经在底层了怎么办？大家可以随便用一个角块拼到底层角块的位置，将它换到上面，是不是就可以了？比如第一种角块在底层并且向左的情况，大家一起来"拷贝"一下第一层复原的四个步骤：

① 找白角：已经找到就在底层。

② 定位：这一步比较特殊，角块在底层已经"固定死"，因为底层不可以随意转动，转动的话十字的侧面就乱了，所以这一步可以略过。

③ 方向：角块的颜色在左边。

④ 做手法：角块的颜色在左边，所以让白色块朝向左手手心，做一遍左手手法。白色角块成功被换到顶上，之后的操作就又是套路了！

思考环节

如果不按照这个顺序来执行会怎么样呢？比如角块在底层时白色块向左，放到右侧做一遍右手手法，会怎么样呢？角块在底层时白色块向右，放到左侧做一遍左手手法，会怎么样呢？请大家自己实验一下吧！

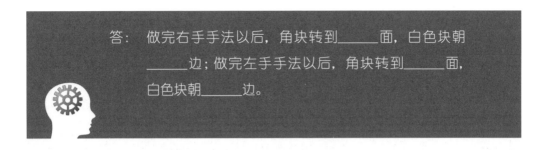

答：做完右手手法以后，角块转到_____面，白色块朝_____边；做完左手手法以后，角块转到_____面，白色块朝_____边。

还有一种比较诡异的特殊情况，怎么拼都不对。

提示：拼的时候是完全按照上面讲述的方法操作的，并没有拼错，大家想一想是什么问题呢？其实是中心块顺序错了。造成这种情况的原因只有一个：魔方被拆开过，中心块没有按照正确的顺序装上。

魔方六个面的颜色是有严格规定的，大家可以观察一下魔方的中心块，其中白色对黄色，因为它们是最浅的颜色；绿色对蓝色，因为它们都是冷色；红色对橙色，因为它们都是暖色。

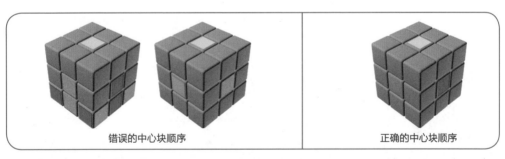

错误的中心块顺序　　　　　　　　　　　正确的中心块顺序

作 业

1. 请判断下面的白色角块位置是否正确？

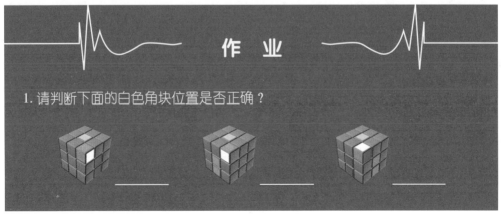

2. 判断下面白色块在角块的哪边？

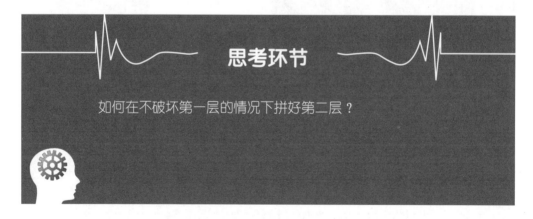

———————————   ———————————   ———————————

3. 特殊情况的处理方法（一句话）：_____。

4. 如果白色角块在底层，白色块朝左边，把它放到右手，做一遍右手手法，

这时角块转到_____面，白色块朝_____边。

5. 如果白色角块在底层，白色块朝右边，把它放到左手，做一遍左手手法，

这时角块转到_____面，白色块朝_____边。

6. 拼第一层的四个步骤是？(1)_____；(2)_____；

(3)_____；(4)_____。

第七节　第四步：第二层（第二层的棱块）

思考环节

如何在不破坏第一层的情况下拼好第二层？

　　三阶魔方的第二层复原是整套方法里最复杂的一步，有多复杂呢？比第一层的四小步还多一步。但是只要第一层可以熟练复原，那么第二层也就没有任何问题了。第二层的拼法可以说是整套方法里最后的一个难点了，大家只要可以攻克，六面的复原就可"手到擒来"，让我们一起开始吧！

🔍 一、一般情况

先来回答一下上面的思考题，答案是：不可能在丝毫不破坏第一层的情况下拼好第二层。必须破坏，但可以用另一种方式复原，这也是拼魔方的一种思路。

1. 在顶层找一个第二层的块

和之前的步骤一样，一开始肯定要找块，但是什么样的块才是第二层的块呢？请大家观察一下下面的魔方，判断一下哪几个块是第二层的块？

上面图片中的红绿、橙绿棱块都是第二层的块。大家有没有找到什么规律呢？其实找第二层的块，就是要找没有黄色的块，简称无黄棱，这是为什么呢？因为顶层的中心块是黄色的，只要这个棱块有黄色，那么就可以断定它是第三层的块，而不是第二层的，所以我们要找的就是无黄棱。

2. 拼大 T

还记得拼完第一层以后，魔方的每一个面都有一个小 T 吗？而这一步拼的是大 T。拼法和拼底面十字的操作一致，即观察棱块的侧面颜色，顶层不动转底下两层，找到相应的中心块即可。

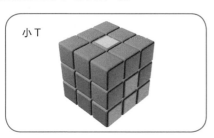 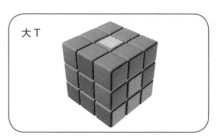

3. 远离

这一步和下一步非常容易出错。先判断一下要找的棱块应该去哪里，左边还是右边？判断方法很简单，只需要看这个棱块顶上的颜色和哪边（左边或右边）的中心块颜色相同就可以了，如果和左边中心块的颜色相同，则棱块应该去左边，我们就将顶层往右转一下，即远离；如果和右边中心块的颜色相同，则棱块应该去右边，我们就往左转一下，即远离。注：远离之后，魔方不要整体转动，之前是什么颜色朝向自己，远离完还是什么颜色。

4. "应该"去哪边就做哪手手法

比如刚才向右远离的，应该去左边，就做左手手法；向左远离的，应该去右边，就做右手手法。

5. 复原第一层

做完第一遍手法以后就会发现一个白色角块已经跑到上面去了，可用第一层的方法把它复原。下面用图示进行说明。

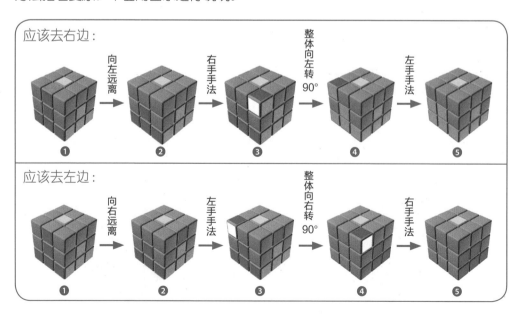

二、特殊情况

此处的特殊情况是指在第三层找不到无黄棱，每个棱块都有黄色，但是前两层却没有复原；或者第二层有一个（或多个，最倒霉时 4 个均错）棱块位置正确但是方向相反，如右图所示。

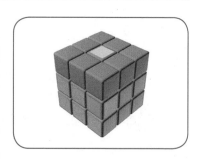

再复习一下特殊情况的处理方法：所有的特殊情况都可以用普通方法处理。普通方法是把顶层的棱块换到第二层，所以只需要随便把一个棱块换到第二层，把之前的棱块换到顶层就可以了。但是细心的朋友可能已经发现了，既然是随便换一块，那么前三步都可以不执行了，所以这种特殊情况就简化为：如果需要换出来的棱块在左边，就做一遍左手手法，魔方转体，再做右手手法；如果需要换出来的棱块在右边，就做一遍右手手法，魔方转体，再做左手手法。

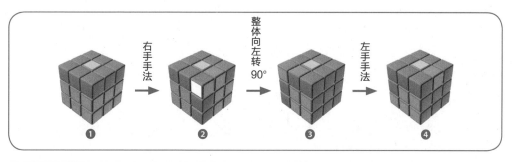

作 业

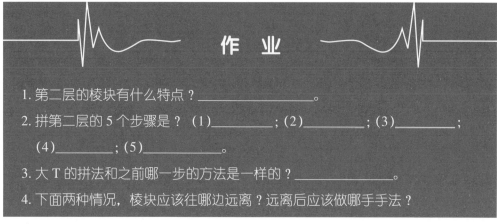

1. 第二层的棱块有什么特点？＿＿＿＿＿＿＿＿＿＿。

2. 拼第二层的 5 个步骤是？（1）＿＿＿＿＿＿；（2）＿＿＿＿＿＿；（3）＿＿＿＿＿＿；
（4）＿＿＿＿＿＿；（5）＿＿＿＿＿＿。

3. 大 T 的拼法和之前哪一步的方法是一样的？＿＿＿＿＿＿＿＿。

4. 下面两种情况，棱块应该往哪边远离？远离后应该做哪手手法？

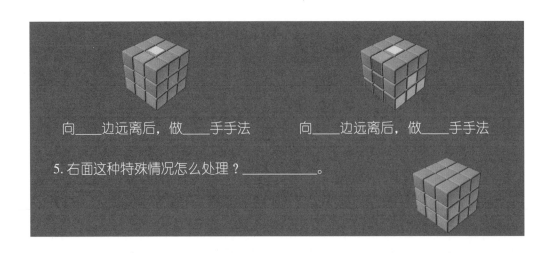

向＿＿＿边远离后，做＿＿＿手手法　　　向＿＿＿边远离后，做＿＿＿手手法

5. 右面这种特殊情况怎么处理？＿＿＿＿＿＿＿。

第八节　第五步：顶面十字（顶面棱块方向）

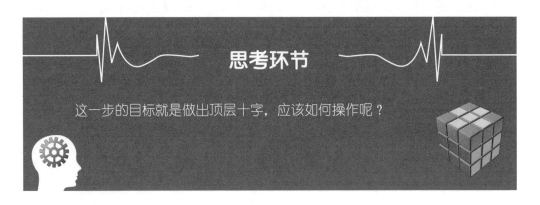

思考环节

这一步的目标就是做出顶层十字，应该如何操作呢？

在将前两层复原后，会出现以下 4 种情况。

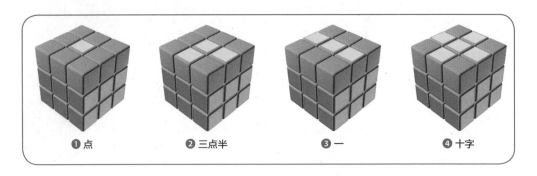

❶ 点　　　　　　❷ 三点半　　　　　　❸ 一　　　　　　❹ 十字

大家在分情况的时候一定要注意，只看棱块的颜色，与角块的颜色无关。

顶面黄色的情况总共有 57 种，若只看棱块的话，则只有上面 4 种，所以大家要细心区分。虽然这一步有 4 种情况，但是处理的方法都是一样的：前面一层顺时针旋转 90° + 右手手法 + 前面一层逆时针旋转 90°。首先，前面一层顺时针旋转 90°，只需要食指在现有位置向下一拨即可；然后，直接做一遍右手手法；最后，前面一层逆时针旋转 90° 是用大拇指向上拨。这时大拇指可能比较难控制，但是多加练习就好了。

❷ 右手手法

❶ 顺时针旋转 90°

❸ 逆时针旋转 90°

对于第一种点的情况（因为点是中心对称图形，所以任何方向都可以），直接执行上面的操作就可以了。第二种"三点半"的情况是有方向的，只能把黄色的棱块放在"三点半"或"九点"这两个位置，否则无法执行下一步。对于第三种"一"字的情况，只要把"一"横着放，而不是"1"就可以了。最后的十字就是完成态，如果大家做完前两层就出现了顶面十字，那么恭喜大家跳步了！加油，说不定这次成绩不错呢！

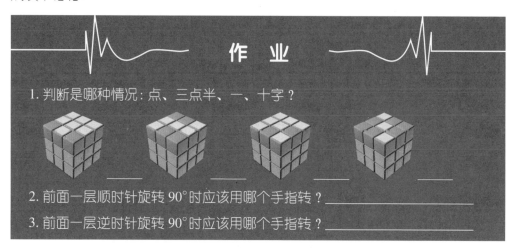

作 业

1. 判断是哪种情况：点、三点半、一、十字？

_____ _____ _____ _____

2. 前面一层顺时针旋转 90° 时应该用哪个手指转？ _____

3. 前面一层逆时针旋转 90° 时应该用哪个手指转？ _____

第九节　第六步：顶面角块位置

思考环节

如何判断一个角块的位置是否正确？

接下来开始复原顶层角块位置，如下图所示。

猛地一看好像和上一步没有区别，但是其实所有的角块位置都正确了，比如上图黄、红、绿那个角块，和它相邻的三个中心块颜色一致，所以它的位置正确。大家只需要将这个角块顺时针旋转 120° 即可，也就是下一步需要做的工作。

大家首先要找到两块位置正确的角块，或者四个都正确（若四个都正确，就可以跳步了，太开心了），则有下面 3 种情况。如果只找到一个角块位置正确，那么转动顶层继续寻找。

相对的角块位置正确

相邻的角块位置正确

四个角块位置都正确

　　三种情况的操作方法一样，即黄色面向上，按照上面的方位摆放：先做三遍右手手法，把白色角块放到左手再做三遍左手手法。做完之后，再判断一下情况，角块相对的情况会变成角块相邻的情况，角块相邻的情况将变成四个都正确的情况。

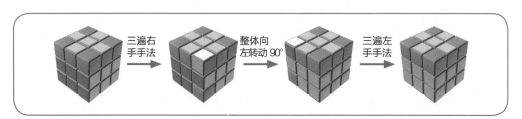

　　这一步的操作和原理很简单，但是一开始的难度在于判断位置，所以这里介绍一种简单的位置判断方法：只要角块和相邻中心块（或棱块）有情侣色，那么就是位置错误。情侣色就是：白和黄，蓝和绿，红和橙。比如大家看下面几个例子，怎么样？是不是容易判断了呢？

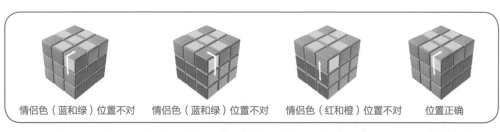

情侣色（蓝和绿）位置不对　　情侣色（蓝和绿）位置不对　　情侣色（红和橙）位置不对　　位置正确

作　业

1. 快速判断下面的角块位置是否正确：

2. 如果是相邻的两个角块位置正确，应该怎么办？＿＿＿＿＿＿＿＿。
3. 如果是相对的两个角块位置正确，应该怎么办？＿＿＿＿＿＿＿＿。
4. 交换角块位置的操作方法是？＿＿＿＿＿＿＿＿＿＿＿。

第十节　第七步：顶面角块方向

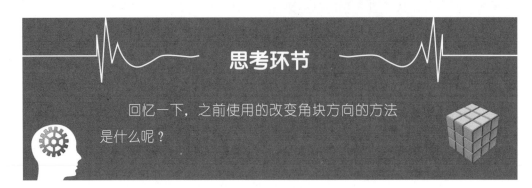

思考环节

回忆一下，之前使用的改变角块方向的方法是什么呢？

这一步的目标是把所有黄色角块的黄色都翻到黄色面上，需要特别注意的是复原过程中应先把前两层打乱后再复原，所以一定要完全按照要求来做，否则就只能从头拼了。这一步有两个需要注意的要点：

❶ 公式做全：细心的小伙伴通过观察之前的步骤可能已经发现，有些步骤手法的最后一步是可以省略不做的，但是在这一步，公式一定要做全，否则魔方是复原不了的。

❷ 左手不动：左手在这一步自始至终都是前后拿着魔方，一开始什么颜色朝向你，最后依然是什么颜色朝向你，千万不要换方向。

这一步的具体步骤如下：

❶ 先将黄色面放到底下，把一个方向不对的角块放到右下角。

❷ 观察角块方向，如果黄色角块向右，则做两遍右手手法；如果黄色角块向前，则做四遍右手手法。

+ 两遍右手手法 = 角块方向正确

+ 四遍右手手法 = 角块方向正确

❸ 黄色角块的方向正确后，左手不动转底层，把另外一个方向不对的角块放到右下角。重复第二步直到所有的角块方向都正确。

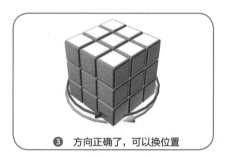

❸ 方向正确了，可以换位置

　　这一步也会遇到"特殊情况"：明明操作没有问题，但是前两层被打乱了或只有一个角块方向不对。其实这种情况并不是什么特殊情况，而是魔方装错了或在转动魔方的时候，因为手法或魔方结构的问题导致角块扭转。这种情况的解决方法非常简单粗暴，就是直接拧过来。但是大家经常遇到的是下面左图的情况，也就是魔方黄面复原了，但是前两层没有复原。其实只要再做几遍右手手法，变成右图的情况就会发现是角块转角了。

作 业

1. 在操作顶层角块方向这一步之前，应该把_____色放到底下。
2. 如果角块的黄色向右，那么需要做_____遍右手手法；如果角块的黄色向前，那么需要做_____遍右手手法。
3. 调整顶层角块方向这一步时两个最需要注意的点：
   (1)_____；(2)_____。
4. 右面的情况应该如何处理？

第十一节 | 第八步：顶面棱块位置

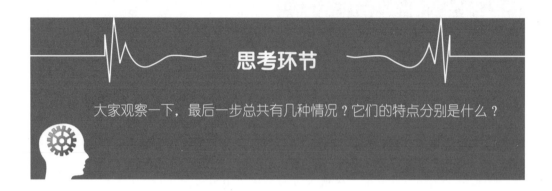

思考环节

大家观察一下，最后一步总共有几种情况？它们的特点分别是什么？

首先要恭喜大家，只差最后一步就可以将魔方复原了！加油！大家观察一下这一步的特点：除了顶层棱块位置不对以外，其他都正确。最后一步，其实只有四种情况。

一、三个棱块位置错误，需要顺时针依次交换顺序

俯视图

公式（以黄色面为顶面，将颜色正确的面朝向自己）：

左手手法 ×1+ 右手手法 ×1+ 左手手法 ×5+ 右手手法 ×5

二、三个棱块位置错误，需要逆时针依次交换顺序

俯视图

公式（以黄色面为顶面，将颜色正确的面朝向自己）：

右手手法 ×1+ 左手手法 ×1+ 右手手法 ×5+ 左手手法 ×5

大家可以理解为观察哪边的棱块要到后面去（后面的面"缺"什么颜色）：如果是左边的棱块要到后面去，则先做一遍左手手法，再做一遍右手手法；后面的 5 遍左手手法和 5 遍右手手法是为了复原前面的手法，因为 6 遍手法可以复原。右边的情况与之相反。

注意：顺序不能修改，一定要在判断完方向以后操作："1 左 1 右 5 左 5 右"或"1 右 1 左 5 右 5 左"。如果做成了"1 左 1 右 5 右 5 左"或"1 右 1 左 5 左 5 右"，大家思考一下会发生什么情况呢？

三、两种特殊情况：四个棱块位置均错误

公式：

1 左 1 右 5 左 5 右 或 1 右 1 左 5 右 5 左

还记得处理特殊情况的通式吗？所有特殊情况都用一般方法处理。

所以，两种特殊情况只需要通过"1 左 1 右 5 左 5 右"或"1 右 1 左 5 右 5 左"操作就会变成上面的第一种、第二种情况了。怎么样，是不是特别简单？

到目前为止，大家应该已经成功复原了三阶魔方，尽情享受成功的喜悦吧！

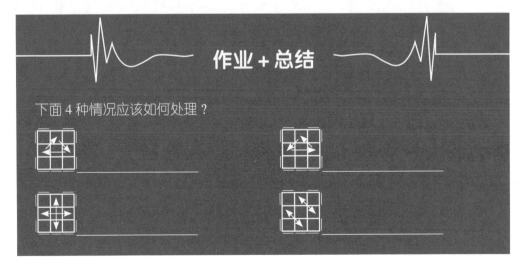

作业 + 总结

下面 4 种情况应该如何处理？

第三章

三阶魔方轻松提速

第一节　一分钟看懂魔方公式：不会看公式的 Cuber 不是好老师

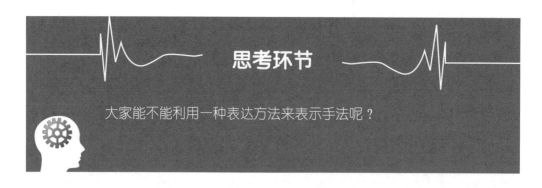

思考环节

大家能不能利用一种表达方法来表示手法呢？

到目前为止，大家已经可以独立复原三阶魔方了！快给自己鼓掌鼓励一下吧！虽然大家实现了童年的梦想，但是我不由自主地冷笑一下：嘿嘿，欢迎入"坑"。复原魔方后看似已经完成了目标，但是，这才是万里长征的第一步啊！

我在之前的初级魔方复原教程里多次"鄙视"公式入门法，但是不得不说，学习公式还是非常有必要的。

首先，公式看似麻烦，但其实大幅度减轻了工作量。如果没有公式，则每一条手法都需要录视频，加上配音、字幕，学习成本太高，而且不易重复，难道每条公式都要翻来覆去地查看视频教程吗？

其次，公式所包含的信息量非常大，不仅包含魔方的转动方法，还包含转动手法，比如 U2 和 U'2 都表示顶层转 180°，但是 U2 表示顺时针转动 180°，也就是右手食指和中指联拨;而 U'2 则是逆时针转动 180°，也就是左手联拨。别小看这左右手的区别，这将直接影响一条公式的执行时间。所以，公式就是一条手法的最简表达方式。

最后，公式的用途很多，比如平时练习复原时、学习魔方解法时、正式比赛打乱时，都需要用到公式。正可谓魔方公式无处不在，所以学习魔方公式还是十分必要的。

魔方的某个面

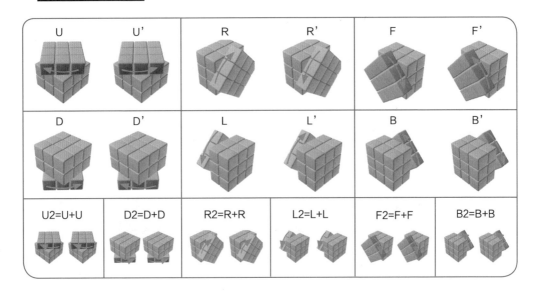

整个魔方

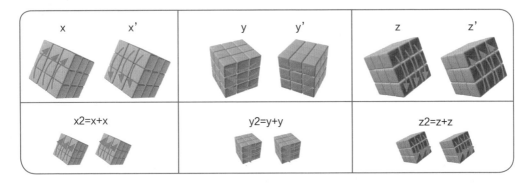

魔方双层转

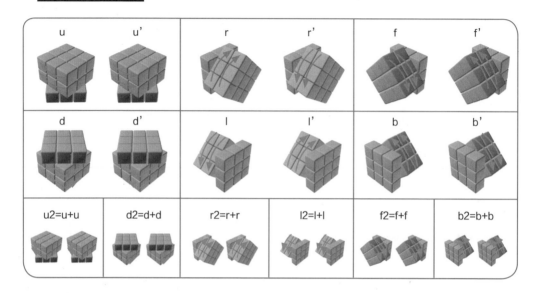

中间层

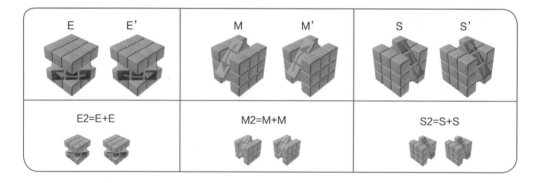

大家可能要问了：我现在已经学会复原魔方，对速度也没有什么高的追求，为何还要学习公式呢？其实我之前也是这么想的 😊，刚学习魔方时觉得可以复原就了不起了，但是随着不断地练习，速度也就越来越快，魔方对于速度的追求就像个无底洞，它是一座蕴藏无限宝藏的金矿。

下面就来具体看一看魔方的公式表达法，不要害怕，非常简单，只需要一点点的耐心。

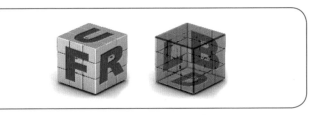

我们可以总结为以下几条规律。

❶ 每个字母代表一个单词简写：

U=up（顶面）	D= down（底面）	F= front（前面）
B= back（后面）	L= left（左面）	R= right（右面）

❷ "＇" 代表逆时针转动，没有 "＇" 代表顺时针转动。注意：每个面的顺、逆要先将该面朝向自己后再进行判断，比如 L 和 R，L 是向靠近自己的方向转动，L＇是向远离自己的方向转动；R 是向远离自己的方向转动，R＇是向靠近自己的方向转动。

❸ 大写代表一层，小写代表两层。

❹ 魔方整体转动时，x 与 R 的方向一致，y 与 U 的方向一致，z 与 F 的方向一致。

❺ 中间层转动时，M 和 L 的方向一致，E 和 U 的方向一致（几乎不用），S 和 F 的方向一致（几乎不用）。

相信看到这里，大家已经明白了魔方公式的含义，只不过还需要一些时间熟悉而已。若大家分不清顺时针和逆时针，那么这也是一次难得的锻炼机会，而且这只是学习魔方道路上一个微不足道的 "难题"，相信大家一定可以克服！

作　业

请填写相应公式。

魔方的某个面

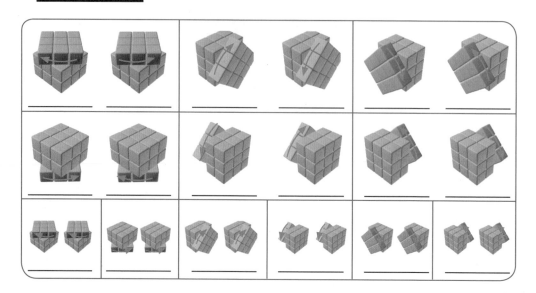

整个魔方

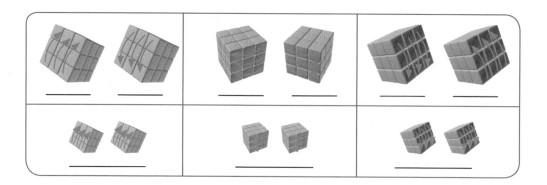

魔方双层转

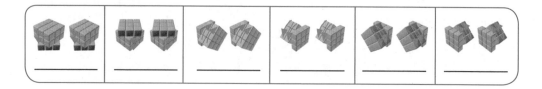

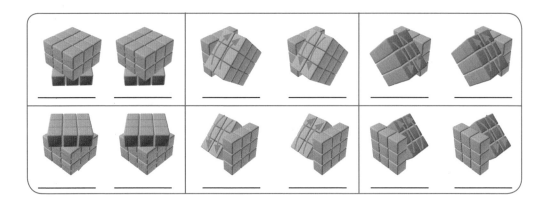

中间层

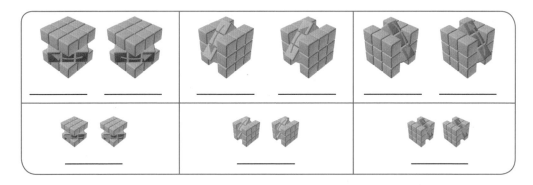

第二节 提速攻略 —— 一条公式轻松提速 60 秒之顺三角换的应用

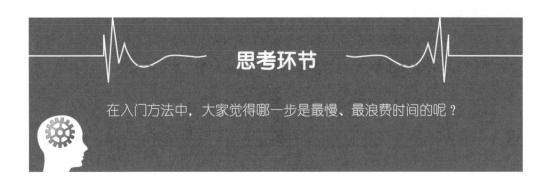

思考环节

在入门方法中，大家觉得哪一步是最慢、最浪费时间的呢？

　　大家为什么要提速？因为懒，我个人觉得社会的进步都是懒人推动的，比如缆车。下面开始学习三阶魔方入门玩法的提高部分，重点讲解如何在现有系统上，以最少的成本（仅仅学习一条新公式），缩短复原时间（最快复原时间可以达到 30 秒以内）。

　　在学习之前先回想一下，在原有的复原方法中哪一步是最浪费时间的？毫无疑问是第六步，顶面角块位置的复原。因为这一步的观察实在是太难了，不要说大家，我也觉得这一步不合理，对于观察的要求太高。所以本节就来处理这个问题，一条新的公式亮相。

公式：
x' R2 D2 (R' U' R) D2 (R' U R')

　　这条公式就是鼎鼎大名的"顺三角换"或大 L 公式。看上面的示意图，这条公式的作用是顺时针交换顶面三个角块的位置而不影响其他块。这条公式非常重要，也最常用，在速拧 CFOP 及盲拧中都需要用到。这个公式比较短，只有 9 步。

　　摆放方法：将黄色面朝向自己，同一平面角块颜色相同的面放在右边。注意：如果没有角块颜色相同的面，那么黄色面朝向自己，执行一遍公式后，就会出现颜色相同的面，按照上面的摆放方法再做一遍公式（总共两遍）即可！大 L 公式的操作方法如下。

❶ x'：先将黄色面朝向自己，然后找一找有没有同一平面两个角块的颜色相同，若有，则将这两个角块放到右手边。

❷ R2：将最右面一层旋转 180°，出现一个 1。

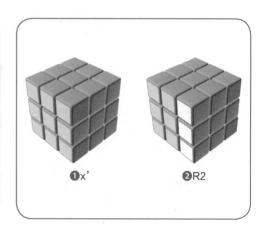

❶x'　　　　❷R2

❸ D2：将底层旋转 180°形成一个反 L 的样子，这个白色棱块像不像大 L 的尾巴？

❹ R'：将右面一层向下转，由于大 L 露出了尾巴，变得害羞了，所以大 L 藏到了魔方的下面。

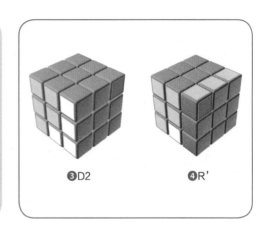

❸D2　　　❹R'

❺ U'：将魔方顶层向右转，大 L 虽然藏了起来，但是它特别好奇，所以在不经意间从左边露出了一双小眼睛。

❻ R：再将右面一层向上旋转，大 L 看了看没有什么危险，就把整个身子都露了出来。

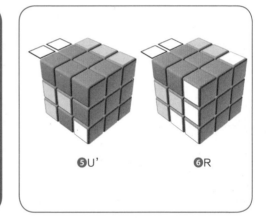

❺U'　　　❻R

❼ D2：将最下面一层旋转 180°，大 L 觉得尾巴露出来太难为情了，所以又把尾巴收了回去。

❽ R'：右面一层向下转动，将白色大 L 藏到魔方下面，大 L 觉得光藏尾巴是不够的，必须把自己藏得严严实实才踏实。

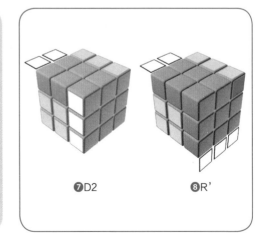

❼D2　　　❽R'

⑨ U：之后顶层向左旋转，将眼睛放到魔方的后面。

⑩ R：将黄色面补齐就好了。

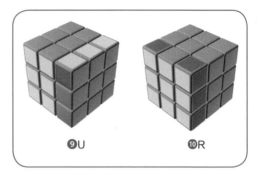

⑨U   ⑩R

作 业

1. 做顺三角换之前的摆法是什么？（a）____色面朝自己；（b）_____放右面。

2. 顺三角换的作用是什么？请在下图中标出。

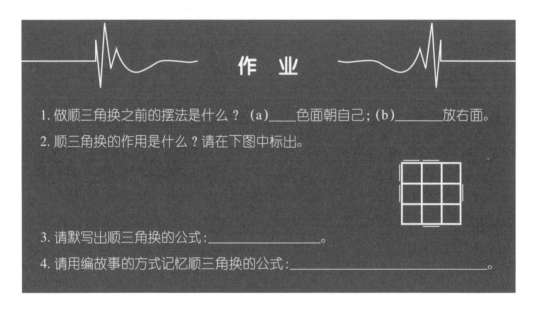

3. 请默写出顺三角换的公式：_____。

4. 请用编故事的方式记忆顺三角换的公式：_____。

　　现在角块位置已直接复原了，是不是十分简单？观察起来几乎没有难度，唯一的问题是记忆公式。大家可能一看到这么多的英文字母头都大了，但是其实记忆公式有很多方法，正如上面展示的故事记忆法。我们把比较枯燥的魔方转动操作编成一个小故事：《害羞的大 L》，十分生动形象，相信大家只要跟着故事走几遍，就可以很轻松地把这条公式记下来了。

　　当然光记下来还是不够的，需要把它练熟，练到多熟呢？练到条件反射，形成肌肉记忆。这里有两个标准可任选其一：第一，如果可以一边说话，一边做出这个公式不用思考，那么说明已经形成了条件反射；第二，可以在 1.5 秒以内就执行完这条公式,也同样说明足够熟练了,因为 1.5 秒的时间是来不及思考的(但是人外有人,天外有天,这条公式有人可以 0.7 秒甚至更快就做出来)!

第三节 逆公式的运用

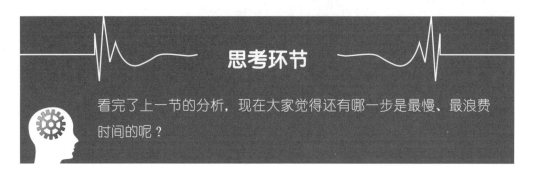

思考环节

看完了上一节的分析,现在大家觉得还有哪一步是最慢、最浪费时间的呢?

至此,大家已经学习了公式表达法,下面请大家自己尝试写出左右手手法的公式:

右手手法:_____
左手手法:_____

大家看,一条 4 步的手法变成了简单的 4 个字母,是不是简单明了?下面请大家继续思考,在初级方法中,还有哪个步骤你们认为是最慢的呢?

我个人觉得应该是最后一步,即棱块位置这一步。因为需要做 12 次手法,总共 48 步,其中的 5 遍左右手公式实在浪费时间,比如下面这种情况:

俯视图

需要执行:

1× 左手手法 + 1× 右手手法 + 5× 左手手法 + 5× 右手手法

(L′ U′ L U) (R U R′ U′) (L′ U′ L U)5 (R U R′ U′)5

所以,大家可以思考一下,有没有什么简便方法呢?回忆一下当初学习这一步时,先做"1 遍左 + 1 遍右",再做"5 遍左 + 5 遍右"。后面的 5 遍手法其实只是为了把前面一遍手法导出的块倒回去。因为我们知道，一个复原的魔方转动 6 次手法就可以复原，所以才有了后面的 5 遍手法。提示到这里，再结合标题"逆公式的运用"，大家是不是想到了什么呢？没错，那就是运用逆公式。所谓逆公式就是：怎么转过来的，就怎么倒回去。

正公式 + 逆公式 = 初始状态

大家可以先拿一个复原好的魔方做一遍右手手法，再尝试一下能不能退回去，变成复原态；左手同理。下面我来提示一下，右手手法：右面向上 + 顶面向左 + 右面向下 + 顶面向右。所以逆回去就是：顶面向左 + 右面向上 + 顶面向右 + 右面向下。于是就得到了右手逆公式 URU' R'，同理可得左手逆公式 U' L' UL。

下面来验证一下：

右手正公式 + 右手逆公式 = RUR' U' + URU' R' = 初始状态
左手正公式 + 左手逆公式 = L' U' LU + U' L' UL = 初始状态

从公式中可以看出，之所以魔方会复原，是因为公式里面的 R 和 R'、U 和 U'，以及 L 和 L' 都抵消了，所以实操和公式推理是吻合的。这种正逆公式的推理在日后的学习中还会经常遇到，并且以后的公式会比左右手公式长很多，所以需要了解逆公式的推理方法。我来帮助大家总结一下逆公式的推理方法，其实只需要两点：(1) 正公式倒写；(2) 顺逆时针互换，比如尝试一下下面这条打乱的公式：

B D F' R2 D2 F2 R' L F' B2 L B2 D2 L2 F2 D2 L' B2 R U'

请大家自己写出这条公式的逆公式吧！（答案见下页）

下面拿一个复原好的魔方做上面的打乱公式，再做打乱公式的逆公式，如果操作没有问题，魔方就能复原了！再回到初级方法的最后一步，就变成

1× 左手手法 + 1× 右手手法 + 1× 左手逆手法 + 1× 右手逆手法

(L' U' L U) (R U R' U') (U' L' U L) (U R U' R')

是不是清爽多了？一下子节省了 24 步，时间自然可以缩短很多。同理，可以得到

1× 右手手法 + 5× 右手手法 = 1× 右手手法 + 1× 右手逆手法 = 初始状态

5× 右手手法 = 1× 右手逆手法

除了最后一步，还有一步可以运用到逆公式。大家可以继续思考，现在最复杂的步骤是哪一步？我觉得是第 5 步，即调整角块方向，因为如果角块底色向前，就需要执行 4 遍操作。现在有了逆公式这个神器，这一步也可以优化。

如果角块底色朝前，那么只需要转两次右手逆公式就可以了。因为上面推出

5× 右手手法 = 1× 右手逆手法

所以

2× 右手逆手法 = 10× 右手手法

因为 6 次手法为一个循环，所以

2× 右手逆手法 = 10× 右手手法 = （10–6）× 右手手法 = 4× 右手手法

角块向前时只需要做两遍右手逆公式即可。

下面再介绍一种公式的推导方法：镜像公式。比如左手公式 (L' U' L U) 和右手公式 (R U R' U') 互为镜像公式，其推理方法如下，大家思考一下这是为什么吧！

❶ L、R 相互交换（U 和 D、F 和 B 保持不变）。

❷ 顺逆时针互换。

逆公式答案：(U R' B2 L D2 F2 L2 D2 B2 L' B2 F L' R F2 D2 R2 F D' B')

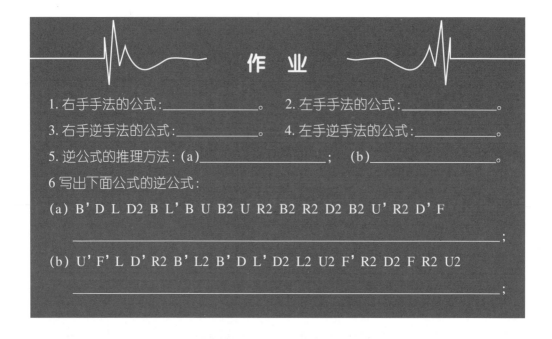

作 业

1. 右手手法的公式：＿＿＿＿＿＿＿。 2. 左手手法的公式：＿＿＿＿＿＿＿。

3. 右手逆手法的公式：＿＿＿＿＿＿。 4. 左手逆手法的公式：＿＿＿＿＿＿。

5. 逆公式的推理方法：(a)＿＿＿＿＿＿＿； (b)＿＿＿＿＿＿＿。

6 写出下面公式的逆公式：

(a) B' D L D2 B L' B U B2 U R2 B2 R2 D2 B2 U' R2 D' F

＿＿＿＿＿＿＿＿＿＿＿＿＿＿＿＿＿＿＿＿＿＿＿＿＿＿＿；

(b) U' F' L D' R2 B' L2 B' D L' D2 L2 U2 F' R2 D2 F R2 U2

＿＿＿＿＿＿＿＿＿＿＿＿＿＿＿＿＿＿＿＿＿＿＿＿＿＿＿；

第四节 提速小技巧

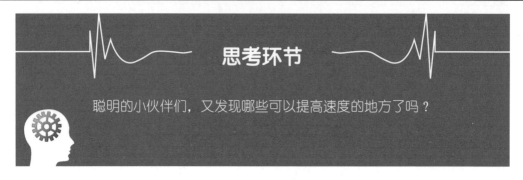

思考环节

聪明的小伙伴们，又发现哪些可以提高速度的地方了吗？

本节再介绍几个提速的小技巧，以此来完善初级复原系统，使大家最终可以进入复原 30 秒的行列。

一、拼第一层角块

大家继续回忆就会发现，在拼第一层角块时，白色角块向上需要做 3 次右手手法才可以将它转到位，现在可以这样处理：

原来：(RUR'U') 3

现在：

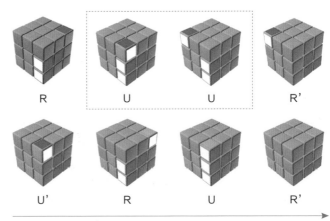

R　　　　U　　　　U　　　　R'

U'　　　　R　　　　U　　　　R'

这条公式只不过是在第一个 U 的时候再多转一个 U。技巧虽小，但比之前减少了 3 步。

二、拼顶面十字

还有拼顶面十字这一步，之前的处理方法是 F（RUR'U'）F'。如果遇到最差的点的情况，就需要做三遍，也是比较麻烦的。

对于"三点半"的情况，只需要将第一步前面一层顺时针旋转 90°，变为前两层逆时针，然后执行右手手法，前两层逆时针旋转 90°即可。

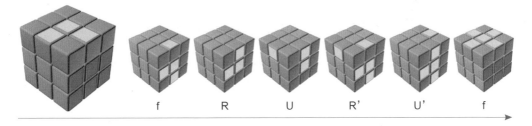

f　　　　R　　　　U　　　　R'　　　　U'　　　　f

大家可以自己试验一下，怎么样，是不是一步到位呢？这感觉实在是酸爽！

掌握了这个小技巧以后，"点"十字情况就变得简单多了：

$$F（RUR'U'）F' + f（RUR'U'）f'$$

所以拼顶面十字这一步，无论遇到什么情况，都可以被很快处理。

好了，到目前为止，三阶魔方初级玩法的所有技巧都已经介绍完了，大家都掌握了一套可以进 30 秒，甚至极限 20 秒的初级方法。但并不是获得了这个正确的"内功心法"就可以达到这样的速度，还需要正确、大量地训练，所以不能偷懒，加油呀！

作 业

1. 练熟本节秘授的提速小技巧。
2. 从今天开始，每天复原魔方至少 20 次。

第五节　没有失误就是最快速度，观察快才是拼魔方的王道

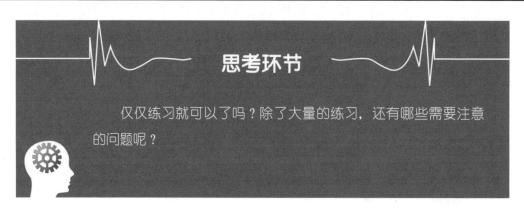

思考环节

仅仅练习就可以了吗？除了大量的练习，还有哪些需要注意的问题呢？

到目前为止，大家已经掌握了一套可以在 30 秒内复原魔方的初级方法。不知道大家学到这里会有什么样的体会呢？截至现在，大家只学习了一条高级公式，其他全部是由基础知识衍变过来的，所以说基础才是最重要的，而且越往后学，越会发现一个奇怪的问题：不同的人明明用的方法一样，练习时间和次数也一样，为什

么最后复原的时间相差那么多呢？原因是

$$能力＝天赋 \times 时间$$

天赋其实是指一个人的悟性好坏，他对于别人的经验分享是否可以虚心接受，还有就是知与行之间的距离。这些条件缺一不可。我们常说，真正的好老师即便花钱也找不到，是可遇而不可求的。真正的好老师会让大家节约大量的时间成本，而不是金钱所能衡量的。接下来的这些经验分享将直接影响到大家魔方"天赋"的高低，所以要注意听了！

大家可以把复原魔方的过程录下来，通过回放就会发现，有些因素会严重影响复原时间。

一、拼错

导致"拼错"的原因完全在于精神不集中或练习次数太少，某些情况处理得还不是很好。魔方是非常考验执行能力的，因为只要转错一步，那么之前所有的努力都有可能功亏一篑。但是这个问题其实很好解决，只要踏踏实实练习就可以避免了。有一个成语"欲速则不达"，说的正是这个道理。在练习魔方的道路上没有捷径，只有踏踏实实地静下心来练习才能到达光辉的顶点。

二、发呆时间过长

所谓"发呆时间"是指在复原魔方的过程中，没有转动魔方而到处观察的时间。大家会发现对于一个初学者而言，绝大部分的时间都是在"发呆"中度过的，"发呆时间"甚至可以占据总复原时间的 2／3。比如，大家的复原时间是 2 分钟，如果去掉 2/3 的"发呆时间"，就可以进 1 分钟了。是不是很惊喜？

导致产生"发呆时间"的主要原因有以下三个。

1.对于魔方复原的每一步功能不清楚

让我们来做一个测试。

提问：现在右侧的魔方应该操作哪一步了？

回答：顶层角块位置，也就是顺三角换这一步。

如果没能马上说出答案，那就是还不够熟练，请大家多加练习！

2. 对于魔方复原时每一步需要的块的种类不熟练

提问：魔方进行到右侧这一步时，应该找什么样的块呢？

回答：无黄棱块。因为已经完成了第一层的复原工作，下面需要继续复原第二层，而第二层的第一步是找无黄棱块。

如果没能马上说出答案，请继续练习吧！

3. 手、眼、脑三者配合不到位，不能做到预判和提前观察

通过观察可以发现，高手很少在复原过程中有停顿，是他们反应极快吗？其实并不是，他们只不过是掌握了魔方的观察方法，做到了手、眼、脑协作，即手转动的时候眼睛找下一个目标块，眼睛找到块以后大脑快速分析出应该操作的方法，手再进行操作。手、眼、脑三者同时运转，才能配合得天衣无缝。

这一点是魔方最难练习的地方，其实想让魔方转得很快并不难，只要勤加练习就可以了，但如果你仅仅是转得很快，没有预判，没有手、眼、脑协作，那么"发呆时间"依然会占据大部分的复原时间。这就是为什么大家"刻苦"练习魔方，但是最后往往有个瓶颈很难突破的真正原因。

其实解决方法也比较简单，那就是慢拧。慢拧并不仅仅是要故意放慢速度，而是在放慢速度的同时增加观察意识。放慢速度其实是给观察赢得了时间。大家一定要在慢拧时去找下一个目标块，如果没找到，就再慢一些；如果找到了，那么就可以提高手速。慢拧的目标只有一个，那就是中间不要停下来。真正掌握了这种练习方式就会发现，其实"慢拧"甚至会比"快拧"还要快呢！

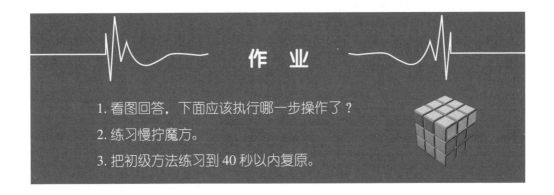

作 业

1. 看图回答，下面应该执行哪一步操作了？
2. 练习慢拧魔方。
3. 把初级方法练习到 40 秒以内复原。

附录 A

学完三阶后可以无师自通的魔方

下面这些魔方虽然看起来千奇百怪，但都是三阶魔方的变形。它们的解法和三阶魔方大同小异，相信大家一定可以一一搞定，加油！

镜面魔方	粽子魔方	苹果魔方	爱心魔方

风火轮魔方	移棱魔方	疯狂移棱魔方	九色数独魔方

分子三阶魔方	宝盒三阶魔方	插销魔方	4×4×4 捆绑魔方

鬼魔魔方	变形金刚三阶魔方	捆绑三阶魔方	蛋形三阶魔方

Meffert's Pocket 魔方	Venus Pillow 魔方

三阶魔方花样玩法

六面回字公式
U' D F' B L R' U' D

四色回字公式
B2 L R B L2 B F D U' B F R2 F' L R

对称棋盘公式
L2 R2 F2 B2 U2 D2

循环棋盘公式
D2 F2 U' B2 F2 L2 R2 D R' B F D' U L R D2 U2 F' U2

六面十字公式
B2 F' L2 R2 D2 B2 F2 L2 R2 U2 F

双色十字公式
U' D F' B L R' U' D L2 R2 F2 B2 U2 D2

六面十字公式
2 B2 F L2 R2 D2 B2 F2 L2 R2 U2 F

四色十字公式
U2 R B D B F' L' U' B F' L F L' R D U2 F' R' U2

四面十字公式
D F2 R2 F2 D' U R2 F2 R2 U'

五彩十字公式
L2 D' F2 D B D L F R' U' R' D' F L2 B F2 L

三色十字公式
B F' L2 R2 U D'

六面皇后公式
R2 B2 U2 L2 B2 U2 F2 L2 D L' R F L2 F' U' D L

六面彩条公式
F2 U2 F2 B2 U2 F B

六面五色公式
U B2 L2 B F' U F' D2 L D2 F D R2 F2 R' B' U' R'

六面三条公式

(U2 L2) 3 (U2 R2) 3 U D L2 R2

六面六色公式

D2 U2 L2 B R2 D' L2 R2 D2 B2 F2 U' R2 B' R2

六面凹字公式

F2 L' R B2 U2 L R' D2

六面 Q 字公式

D F2 U' B F' L R' D L2 U' B R2 B' U L2 U'

六面凹字公式

U D L2 F2 U D' B2 R2 D2

六面凸字公式

F2 R F2 R' U2 F2 L U2 B2 U2 F' U2 R D' B2 D F' D2 R F

六面 L 字公式

L R U D F' B' L R

六面 J 字公式

D2 L2 D R2 U B2 U2 B R' B' D B2 R' F R2 F' U R'

四面 L 字公式

B F D U L2 D U' B F'

六面彩 E 公式

F2 R2 F2 U' R' B2 F L R' U L' R U B U2 F2 D' U

四面 Z 字公式

(F B R L)3 (U D')2

六面 T 字公式

U2 F2 R2 D U' L2 B2 D U 或 B2 D2 L R' D2 B2 L R'

四面 I 字公式

R2 F2 R2 L2 F2 L2

六面斜线公式

B L2 U2 L2 B' F' U2 R' B F R2 D' L R' D' U R F'

六面 C U 公式

D' U B D' L' R F D' B' D' U L

三色斜线公式

R F2 L' D2 F2 L' R2 B' L' B' F' D' U R F' D R' B R'

四面 O 字公式

U R2 L2 U D' F2 B2 D'

大中小魔公式

F D2 L2 B D B' F2 U' F U F2 U2 F' L D F' U

四面 E 字公式
R2 U2 F2 R2 U2 R2 F2 U2

六面环形公式
L U B' U' R L' B R' F B' D R D' F'

四面 V Y 公式
D2 R L U2 R2 L2 U2 R L

四面 C U 公式
R2 F2 B2 L2 U F2 R2 L2 B2 D'

C C T V 公式一
B2 R2 D2 U2 F2 L R' U2 L' R'

六面蛇形公式
B R L' D' R2 D R' L B' R2 U B2 U' D R2 D'

C C T V 公式二
L2 B2 R2 D2 R2 F2 U2 F2 R2 U2 R2

彩带魔方公式
D2 L' U2 F L2 D2 U R2 D L2 B' L2 U L D' R2 U'

四面斜线公式
F B L R F B L R F B L R

六面鱼形公式
L2 D B2 U R2 B2 D L' B2 F' D' U R' D2 R' B2 F' U' F'

大小魔公式
F D2 B (U L')3 B' D2 F U2 R2 F2

四面方窗
L2 D2 L' D2 B2 L2 B2 L' D2 L2 B2 L' B2

四面 H
R2 L2 U2 R2 L2 D2 F2 B2 U2 F2 B2 D2

六面双环公式
B R L' D' R2 D R' L B' R2 U B2 U' D B2 R L U2 R' L' B2 D'